普通高等教育"十一五"国家级规划教材

□ 中国高等职业技术教育研究会推荐

高职高专系列规划教材

Java 程序设计

(第三版)

陈圣国　王葆红　编著

西安电子科技大学出版社

内 容 简 介

本书首先简要介绍了 Java 语言开发平台的使用方法以及 Java 语言的基本语法和面向对象程序设计的基本概念，然后重点介绍了 Swing 组件库构建图形用户界面应用程序的方法及常用组件的使用，还对多线程、异常处理、网络和数据库编程等内容逐一进行了介绍。

本书采用案例导入方式，给出大量实例，便于学生模仿学习，适合作为应用型本科计算机相关专业 Java 语言程序设计课程的教材，也可供有一定程序设计语言基础而想学习 Java 语言的读者使用。

★ 本书配有电子教案，需要者可登录出版社网站，免费下载。

图书在版编目(CIP)数据

Java 程序设计/陈圣国，王葆红编著. —3 版. —西安：西安电子科技大学出版社，2014.7
普通高等教育"十一五"国家级规划教材
ISBN 978-7-5606-3413-5

Ⅰ. ① J⋯ Ⅱ. ① 陈⋯ ② 王⋯ Ⅲ. ① JAVA 语言—程序设计—高等学校—教材 Ⅳ. ① TP312

中国版本图书馆 CIP 数据核字(2014)第 140152 号

策　　划	马乐惠
责任编辑	马乐惠　高丽萍
出版发行	西安电子科技大学出版社(西安市太白南路 2 号)
电　　话	(029)88242885　88201467　　邮　编　710071
网　　址	www.xduph.com　　　　电子邮箱　xdupfxb001@163.com
经　　销	新华书店
印刷单位	陕西华沐印刷科技有限责任公司
版　　次	2014 年 7 月第 3 版　　2014 年 7 月第 4 次印刷
开　　本	787 毫米×1092 毫米　1/16　印 张　18.5
字　　数	435 千字
印　　数	14 001～17 000 册
定　　价	29.00 元

ISBN 978-7-5606-3413-5/TP

XDUP 3705003-4

如有印装问题可调换

本社图书封面为激光防伪覆膜，谨防盗版。

前　言

　　本书第二版自 2008 年出版以来，在几年来的使用中暴露出一些不足。本次修订除了对原书的一些错误作了修正外，主要从以下几个方面做了修改：

(1) 实验平台的改变。本书采用目前主流的 Java 开源开发平台 Eclipse，它有助于学生较快接触实际的工作环境。另外，通过安装相应插件 Eclipse 也可以支持 JavaEE、Android 移动应用的开发，可为学生进一步学习 JavaEE、Android 移动应用的开发打好基础。

(2) 介绍了 Java5 之后引入的泛型语法，并简单介绍了泛型语法在集合类库的典型应用，介绍了链表等集合类型的使用方法。

(3) 图形用户界面的使用以 Swing 组件库的使用为主，不再详细介绍 AWT 的使用。另外，随着 Web 开发技术的发展，Java Applet 的重要性越来越低，因此图形用户界面以应用程序为主，Java Applet 的开发不再作为主要内容。

本书在修订的过程中得到了西安电子科技大学出版社马乐惠老师的关心与支持，在此谨表谢意。

由于时间紧张和作者水平有限，本书还存在不足，希望广大读者批评指正。

作　者

2014 年 2 月

第二版前言

　　本书第一版自 2003 年出版以来，被众多高职院校选为"Java 程序设计"课程的教材，但在几年来的使用中也暴露出一些不足；另外，随着 Java 语言的发展，原书部分内容也不再适合需要。本次修订除了对原书的一些错误进行了修正外，主要从以下几个方面做了修改：

(1) 实验平台的改变。本书第一版采用的 Java 集成开发环境为微软公司的 Visual J++ 6.0，该平台目前已不再是主流的 Java 开发平台，微软也不再将其后继版本作为 Java 应用的开发平台。因此本次修订实验平台不再采用 Visual J++，而是选用了 Borland 公司的 Jbuilder 2006，该平台是目前主流的商业 Java 开发平台之一，被许多软件公司采用。选用该平台，有助于学生较快适应实际工作环境。

(2) 对 Java 面向对象基本语法部分内容的顺序进行了调整，围绕面向对象方法的三个基本特征——封装、继承和多态循序渐进地进行介绍，并强化案例的作用，使学生更易于接受。

(3) 使用了少量 Java 5 的语法。Java 语言在不断发展，每个新版本的 JDK 的推出都会引入一些新的特征。本书根据实际需要，引入了少量新的特征。

(4) 适当地介绍了 Web 应用开发。随着 Internet 的发展，Java 语言逐渐成为一个主流的 Web 开发工具，本书第 10 章简要介绍了使用 JSP 开发动态 Web 应用的方法。

　　本书在修订的过程中得到了西安电子科技大学出版社马乐惠老师的关心与支持，在此谨表谢意。

　　由于时间和作者水平有限，书中可能还存在一些不足之处，敬请读者批评指正。

作　者
2007 年 10 月

第一版前言

　　Java 语言作为一种基于网络的程序设计语言，自 Sun 公司 1995 年推出以来，得到了越来越多软硬件厂商的支持。Java 语言具有面向对象、跨平台、安全性高等特点，已成为开发互联网应用的首选语言之一。

　　本书第 1 章简要介绍了 Java 语言的特点以及 Sun 公司的 Java 开发工具包 (JDK) 的最新版本——J2 SDK 1.4.2，还介绍了利用 Microsoft 公司的 Visual J++ 6.0 调试 Java 应用程序和 Java 小程序的步骤。

　　第 2 章介绍了 Java 语言的数据类型、表达式和流程控制语句。Java 语言吸收了 C/C++ 语言的基本语法，它在这几个方面的内容与 C 语言基本相同。大部分高校目前都将 C/C++ 作为计算机专业首选的程序设计语言，因此本书未作详细介绍，读者在学习时应特别注意 Java 语言与 C/C++ 的区别。

　　从第 3 章开始详细介绍了 Java 语言面向对象程序设计的语言成分，然后重点介绍了 Java 小程序的编写方法，特别是图形界面组件的使用，还对多线程、异常处理、网络和数据库编程等内容逐一进行了介绍。

　　关于图形用户界面，本书仅介绍了基本的抽象窗口工具包——AWT 图形组件的使用方法。由于 Swing 图形用户界面组件实际上是在 AWT 组件的基础上发展起来的，使用上有一定的相似之处，因此本书对 Swing 编程技术未作介绍。读者只要熟练掌握了 AWT 图形用户界面的使用方法，再学习 Swing 编程技术并不困难。

　　由于 Java 语言是一种基于网络的编程语言，特别是 Java Applet 与网络的联系更加密切，因此在学习 Java 语言之前，最好有一定的网络课程的基础或使用互联网的经验。限于篇幅，本书对相关的背景知识没有作详细的介绍。

　　另外，学习本书第 9 章 JDBC 编程接口前，应对关系数据库系统的基本原理有一定的了解，也要了解客户机/服务器结构数据库应用的基本结构。

本书在每一章都安排了实训内容,有关操作的具体步骤均以 Windows 98 平台为蓝本介绍。第 4 章的实训中安排了在 Web 服务器上发布 Java Applet 的内容,介绍了个人 Web 服务器 PWS 的使用,如果读者使用其他的实验平台应参考相关平台的使用手册。在进行该项实训时,如果条件允许,应安排在局域网的多台计算机上进行。

本书在编写的过程中,特别是在内容选择和结构安排等方面得到了西安电子科技大学出版社马乐惠老师等的大力帮助,在此谨表谢意。

由于时间和作者水平限制,书中可能还存在一些不足之处,敬请广大读者不吝赐教。

作 者

2003 年 8 月

目 录

第 1 章 Java 语言概述 1
1.1 计算机与程序设计语言 1
1.2 Java 的发展历史 2
1.3 跨平台的 Java 3
1.4 面向对象的 Java 4
1.5 Java 程序的开发环境 4
1.5.1 Java 程序的开发过程 4
1.5.2 Java 开发工具 5
1.6 最简单的 Java 程序 5
1.6.1 最简单的 Java 应用程序 5
1.6.2 最简单的 Java Applet 6
实训一 安装与熟悉 Java 开发工具 8
A. JDK 开发工具 8
B. Eclipse 集成开发环境 11
习题一 16

第 2 章 Java 语言基础 17
2.1 案例：课程成绩统计程序 17
2.2 变量和常量 17
2.2.1 变量的定义 17
2.2.2 常量的定义 19
2.3 数据类型 19
2.3.1 整型 19
2.3.2 实型 20
2.3.3 字符型 20
2.3.4 布尔型 21
2.4 运算符与表达式 22
2.4.1 概述 22
2.4.2 算术运算符 22
2.4.3 赋值运算符 24
2.4.4 关系运算符 25
2.4.5 逻辑运算符 25

2.4.6 位运算符 27
2.4.7 条件运算符 28
2.4.8 类型转换 28
2.5 案例的初步实现 29
2.6 流程控制语句 29
2.6.1 分支语句 30
2.6.2 循环语句 33
2.6.3 break 语句 34
2.6.4 continue 语句 35
2.6.5 其他流程控制语句 36
2.7 案例的完整实现 36
2.8 程序举例 37
实训二 结构化程序设计 38
习题二 41

第 3 章 类与对象 45
3.1 面向对象的基本思想和基本概念 45
3.1.1 面向对象的基本思想 45
3.1.2 对象与类 45
3.1.3 封装性、继承性与多态性 46
3.2 案例：员工工资计算程序 48
3.3 类的声明与对象的创建 48
3.3.1 类声明的基本语法 48
3.3.2 类的构造方法与对象的初始化 53
3.3.3 对象的使用 56
3.3.4 案例的初步实现 57
3.4 封装性 61
3.4.1 成员的访问权限 61
3.4.2 包的使用 63
3.5 继承性 65
3.5.1 子类的定义 65
3.5.2 super 66

3.5.3 子类对象的构造	68
3.5.4 final 方法与 final 类	69
3.5.5 改进的案例	69
3.6 多态性	73
3.6.1 类内方法的重载	73
3.6.2 类继承中的多态性	75
3.6.3 接口	79
3.6.4 案例的进一步改进	80
3.7 静态成员	82
3.7.1 静态变量成员	82
3.7.2 静态方法成员	84
3.8 字符串	85
3.8.1 创建 String 类对象	85
3.8.2 获取字符串的信息	85
3.8.3 字符串的操作	86
3.8.4 StringBuffer 类	87
3.9 数组	88
3.9.1 一维数组	89
3.9.2 多维数组	91
3.9.3 案例的完整实现	93
3.10 包装类	95
3.10.1 包装类的概念	95
3.10.2 字符串与基本类型的转换	95
3.11 编程实例	96
3.12 泛型与集合类简介*	99
3.12.1 泛型的作用	99
3.12.2 泛型的基本语法	100
3.12.3 集合类的使用	102
实训三 面向对象程序设计	107
习题三	113

第 4 章 图形用户界面 ... 117

4.1 进入图形用户界面	117
4.1.1 案例 1：图形界面的简易计算器	117
4.1.2 容器与组件	117
4.1.3 组件的布局	120
4.1.4 响应组件的事件	129

4.2 菜单与对话框	136
4.2.1 案例 2：简易文本编辑器	136
4.2.2 建立主菜单	137
4.2.3 快捷菜单的使用	142
4.2.4 自定义对话框	142
4.2.5 JOptionPane 标准对话框	144
4.3 Swing 常用组件简介	147
4.3.1 Swing 组件分类	147
4.3.2 JFrame 与 JDialog	147
4.3.3 文本显示和编辑组件	148
4.3.4 命令按钮	152
4.3.5 复选框与单选按钮	153
4.3.6 下拉列表	154
4.3.7 列表框	157
4.3.8 工具栏	159
4.3.9 面板	160
4.4 Applet 与图形界面	162
4.4.1 Applet 程序结构	162
4.4.2 HTML 中使用 Applet	164
实训四 图形用户界面的实现	166
习题四	168

第 5 章 多线程 ... 170

5.1 线程的概念	170
5.1.1 线程与多线程	170
5.1.2 进程与线程	170
5.1.3 线程的优先级与类别	170
5.1.4 线程的状态与生命周期	171
5.2 多线程的实现方法	171
5.2.1 线程类 Thread	171
5.2.2 继承 Thread 类	173
5.2.3 实现 Runnable 接口	174
5.3 采用多线程实现动画效果	176
5.4 线程的同步与死锁	177
5.4.1 同步的概念	177
5.4.2 synchronized 方法	178
5.4.3 synchronized 块	180
5.4.4 线程的死锁	181

实训五　多线程程序设计 183
习题五 184

第 6 章　异常处理 185
6.1　异常的概念 185
6.1.1　案例：异常处理方法演示 185
6.1.2　异常处理 186
6.2　Java 语言异常的处理 187
6.2.1　try-catch 块 187
6.2.2　异常的抛掷 189
6.2.3　实例 189
6.3　异常的类型 191
6.3.1　Java 异常类层次 191
6.3.2　创建自己的异常类 192
实训六　处理并创建异常 193
习题六 193

第 7 章　输入/输出 195
7.1　流和文件 195
7.1.1　流 195
7.1.2　文件 196
7.2　基本输入/输出类 196
7.2.1　InputStream 类 196
7.2.2　OutputStream 类 197
7.2.3　PrintStream 类 197
7.2.4　其他常用流类 198
7.3　文件的输入/输出 201
7.3.1　FileInputStream 类 201
7.3.2　FileOutputStream 类 201
7.3.3　RandomAccessFile 类 203
7.3.4　File 类 205
7.4　编程实例 208
实训七　输入/输出的实现 209
习题七 210

第 8 章　网络编程概述 213
8.1　概述 213
8.1.1　网络技术基础 213
8.1.2　网络编程的基本方法 214
8.2　URL 编程 214
8.2.1　URL 的概念 214
8.2.2　URL 类 215
8.2.3　URLConnection 类 225
8.2.4　URL 编程实例 226
8.3　Socket 编程简介 233
8.3.1　TCP Socket 编程 233
8.3.2　UDP Socket 编程 238
8.3.3　Socket 编程实例 241
实训八　用 Java 实现网络通信 ... 245
习题八 246

第 9 章　JDBC 编程技术 247
9.1　JDBC 概述 247
9.1.1　JDBC 的概念 247
9.1.2　JDBC URL 248
9.1.3　JDBC 驱动程序 248
9.2　使用 JDBC 开发数据库应用 . 249
9.2.1　一个完整的例子 249
9.2.2　一般步骤 252
9.2.3　JDBC 相关类介绍 254
实训九　数据库应用程序开发 260
习题九 267

第 10 章　Web 应用入门 269
10.1　Web 服务器与 Web 应用 269
10.2　Tomcat Web 服务器 269
10.3　JSP 简介 273
10.4　案例：网上书店查询页面 ... 274
10.4.1　功能需求 274
10.4.2　创建 books.jsp 页面 276
10.4.3　创建 bookInf.jsp 页面 278
实训十　简易 Web 应用 280
习题十 285

参考文献 286

第 1 章 Java 语言概述

1.1 计算机与程序设计语言

1946 年 2 月 15 日，第一台通用电子数字计算机 ENIAC 在美国研制成功。它由 1.8 万个电子管组成，重达 30 多吨。ENIAC 无论功能还是运算速度都无法跟今天的家用电脑相比，但它的出现却开启了一个新的时代。

计算机作为一种通用工具，与人类历史上发明的各种工具相比，一个突出的不同就是可以编程控制，通过执行不同的程序，计算机可以实现不同的功能。程序是计算机能够执行的指令序列，程序员可以使用不同的程序设计语言来编写程序，其中有一些程序设计语言计算机能够直接识别，而另一些程序设计语言需要经过翻译才能为计算机所执行。

程序设计语言的发展经历了从机器语言、汇编语言到高级语言的历程。

1) 机器语言

计算机所使用的是由"0"和"1"组成的二进制数，计算机发明之初，人们只能使用一串串由"0"和"1"组成的指令序列来编写程序，这种语言称为机器语言。机器语言难以使用，程序的调试和修改十分困难。由于不同型号计算机的指令系统往往不同，在一台计算机上执行的程序，要想在另一台计算机上执行，必须另编程序，造成了重复工作。

2) 汇编语言

针对机器语言的缺点，人们进行了一种有益的改进，采用一些类似于英语单词的缩写代替计算机的各种二进制指令，如"ADD"代表加法，"MOV"代表数据传递等。这样一来，程序变得易于理解和维护。这些缩写便构成了基本的汇编语言。用汇编语言编写的程序不能直接由计算机执行，需要一个翻译程序将这些符号翻译成二进制的机器语言，这种翻译程序被称为汇编程序。

3) 高级语言

虽然利用汇编语言编写程序的效率远高于其他语言，但是对于一项简单的任务，仍需要大量的指令才能完成，所以使用汇编语言编程调试来实现一个复杂应用依然是一件很痛苦的事情。

"痛"则思变，高级语言应运而生。1954 年，第一个完全脱离机器硬件的高级语言——FORTRAN 问世了，它采用接近于数学语言或人的自然语言的语法形式，同时又不依赖于计算机硬件，编程效率和程序的通用性得到很大的提高。50 多年来，已出现的高级语言有几百种，影响较大的也有几十种。

高级语言程序本身不能直接为计算机所执行，必须由专门的编译程序将高级语言编写的程序转换为一个或多个包含了机器语言的文件。高级程序经过编译后,链接程序将包含了机器语言的文件链接成一个计算机可以运行的程序,采用这种方式工作的高级语言称为编译型语言。

高级语言的另一种工作方式是由解释器直接执行高级语言程序,与编译型语言方式相比,解释器方式的执行效率比较低。

1.2 Java 的发展历史

1995 年 5 月,Sun 公司在"SunWorld 95"大会上推出了 Java 语言。Java 语言作为一种网络编程语言,随着国际互联网的飞速发展,很快得到了广泛的支持和实际的应用。

其实,Java 语言最初并不是为互联网设计的,它来自于 Sun 公司的一个叫 Green 的项目,目的是为家用消费电子产品开发一个分布式代码系统,这样用户可以把 E-mail 发给电冰箱、电视机等家用电器,对它们进行控制和信息交流。该项目小组开始准备采用 C++,但他们很快意识到 C++ 太复杂,安全性差,后来基于 C++ 开发了一种新的语言——Oak(Java 的前身)。

Oak 是一种用于网络的精巧而安全的语言,Sun 公司曾以此投标一个交互式电视项目,但未获成功,使得 Oak 几乎夭折。Marc Andreessen 开发的 Mosaic 和 Netscape 启发了 Oak 项目组成员,他们用 Java 编制了 HotJava 浏览器,得到了 Sun 公司首席执行官 Scott McNealy 的支持,Java 得以进军互联网。为此,Sun 公司引入了一个称为 Applet 的 Java 程序创建机制,用以在 Web 页上执行并通过 Web 浏览器进行显示,使得原本静态的网页"活跃起来"。

Java 的取名也有一段趣闻。有一天,几位 Oak 项目组成员正在讨论给这个新的语言取什么名字,当时他们正在咖啡馆喝着 Java 咖啡,有一个人灵机一动说,就叫 Java 怎么样,结果得到了其他人的赞同,于是 Java 这个名字就这样传开了。

目前通常所说的 Java 有三层含义:先是指一种编程语言;其次是一种开发环境;再者是一种应用环境。如今的 Java 语言不再只是将 Web 网页"活跃起来"的一门语言,它已成为许多机构编程时的首选语言。

作为新一代面向对象程序设计语言,Java 特别适合于 Internet 应用程序开发,它的平台无关性使 Java 作为软件开发的一种革命性技术地位已被确立。计算机产业的许多大公司购买了 Java 的许可证,包括 IBM、Microsoft、Apple、Oracle 等。Java 开发工具软件日渐丰富,数据库厂商如 Sysbase、Versant、Oracle 都提供对 Java 平台的支持。

Sun 公司于 1996 年年初发布了 Java 的第一个版本,在 1998 年召开的 JavaOne 大会上发布了 Java 1.2 版。1999 年,Sun 公司发布了以 Java 2 平台为核心的 J2SE、J2EE 和 J2ME 三大平台;2002 年 2 月,Sun 公司发布了 J2SE 1.4 版,是 Java 语言早期影响最大的版本;2004 年 10 月,J2EE 1.5 版的发布引入了一些新的特性,Sun 公司将其正式称为 Java 5,相应的三个平台分别改称为 Java SE、Java EE、Java ME。

(1) Java SE(Java Platform, Standard Edition)。Java SE 含有基本的 Java SDK 工具和运行时 API,开发者可以用它们来编写、部署和运行 Java 应用程序和 Applet(在 Web 浏览器如 IE 中运行的 Java 小程序)。

(2) Java EE(Java Platform, Enterprise Edition)。Java EE 建立在 Java SE 的基础上，它是 JSP(Java Server Page)、Servlet、EJB、JTS(Java Transaction Service)、Java mail 以及 JMS(Java Message Service)等多项技术的混合体，主要用于开发分布式的、服务器端的多层结构的应用系统，如电子商务网站。

(3) Java ME(Java Platform, Micro Edition)。Java ME 主要用于开发电子产品，如移动电话、数字机顶盒、汽车导航系统等。

2009 年 4 月 Oracle 公司以 74 亿美元收购 Sun，目前 Oracle 公司网站已正式发布了 Java 7。除了官方的三大平台外，在移动应用领域，Google 公司的 Android 操作系统采用 Java 语言作为应用开发的主要语言。

本书介绍的内容基本都属于 Java SE 的范畴，第 9 章涉及 Java EE 部分内容，语言主要采用 Java 2，少量程序使用了 Java 5 以后的一些新特性。

1.3 跨平台的 Java

与常见的编译型高级程序设计语言不同，Java 语言编译器产生的二进制代码是一种与具体机器指令无关的指令集合，只要有 Java 运行时系统存在，编译后的代码便可在许多处理器上运行。Java 运行时系统被称为 Java 虚拟机(Java Virtual Machine，JVM)，Java 编译器产生的代码由 Java 虚拟机解释执行，如图 1.1 所示。由此，Java 语言实现了平台独立性——一次编写，随处运行(Write once，Run anywhere)。

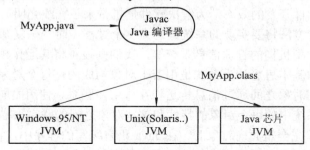

图 1.1　Java 的平台无关性

Java 编译器产生的二进制代码称为字节码(Byte Code)，字节码与任何具体计算机结构都无关。实际上，这并不是一个新想法，多年前的 UCSD Pascal 系统就在一个商业产品中做了同样的努力，甚至比这更早，Niklaus Wirth 的 Pascal 的最初实现也使用了同样的方法。

不过这种技术存在着一个很大的缺点，即与通常高级语言采用的编译为机器指令相比，其程序执行效率相差很多。为此，Java 系统采用了一些独特的方法来改善其执行效率。例如，采用即时编译技术(Just In Time，JIT)，在程序执行前将字节码转换为本地指令，避免了对某些指令段的重复解释；精心设计 Java 字节码，使其既可容易地在任何机器上解释，又可容易地被快速翻译为本地机器代码。

Java 系统的基本数据类型不依赖于具体实现，在任何硬件平台上均保持一致。而通常的高级语言数据类型是与平台相关的，如 C 语言在 Windows 3.1 中整数(int)为 16 位，在

Windows 95 中整数为 32 位，在 DEC Alpha 中整数为 64 位，在 Intel 486 中整数为 32 位。

与体系结构无关的特性使得 Java 应用程序可以在配备了 Java 虚拟机的任何计算机系统上运行，这成为 Java 应用软件便于移植的良好基础。

1.4 面向对象的 Java

20 世纪 60 年代，软件开发技术发展缓慢，随着硬件技术的发展，出现了"软件危机"。在软件开发过程中，所做的工作常常落后于预先的计划，成本大幅提高，超过预算，而得到的最终产品却并不可靠，不能满足实际的需要。

为了解决"软件危机"，20 世纪 60 年代末 70 年代初人们提出了结构化程序设计的思想，按照结构化程序设计的原则和方法，设计出结构清晰、容易理解、容易修改、容易验证的程序。结构化程序设计方法采用自顶向下、逐步细化的方法，将复杂的过程分解成由三种基本控制结构(顺序结构、选择结构和循环结构)构成的程序。

到了 20 世纪 70 年代末期，随着计算机科学的发展和应用领域的不断扩大，对计算机技术的要求越来越高。结构化程序设计语言和结构化分析与设计已无法满足用户需求的变化，面向对象技术开始崭露头角。

面向对象程序设计方法起源于 Simula 67 语言，它本身虽因比较难学、难用而未能广泛流行，但在它的影响下所产生的面向对象技术却迅速传播开来，并在全世界掀起了一股 OO(Object Oriented)热潮，至今盛行不衰。面向对象程序设计在软件开发领域引起了大的变革，极大地提高了软件开发的效率，为解决软件危机带来了一线光明。

结构化程序设计方法将要实现的系统描述为一个过程，而一些复杂的系统如 Windows 的窗口系统、一个大型机构的管理信息系统等，我们则很难将其运作规律描述成一个单一的过程。面向对象的基本思想认为系统是由若干对象构成的，每个对象都有各自的内部状态和运动规律，不同对象之间通过消息传送相互作用和联系。使用面向对象的方法，我们可以通过分别描述系统中的每个对象的特性和这些对象之间的联系来描述整个系统。

Java 语言的设计完全是面向对象的。在 Java 语言编写的程序中，使用类(class)来描述一组对象的共同特性，类可以看成是创建对象的蓝图，对象之间通过方法调用来实现相互间的联系。

Java 语言程序的基本单位是类(class)，一个完整的 Java 语言程序一般由多个类构成。Java 语言运行环境还提供了功能强大的类库(或称为应用程序接口(API))，可以帮助应用程序很容易地实现一些复杂的功能。

1.5 Java 程序的开发环境

1.5.1 Java 程序的开发过程

Java 程序的开发过程与其他高级语言相似。首先编写程序，然后采用文本编辑软件输入源程序，再使用 Java 语言编译器进行编译，生成字节码文件。

与 C/C++ 等其他高级语言不同的是，一个 Java 程序由若干个字节码文件构成，Java 虚拟机直接执行字节码文件，没有连接生成独立的可执行文件的过程。Java 类库代码也不像 C/C++ 的函数库或类库那样需要连接到执行文件中,用户要执行 Java 程序必须安装相应的 Java 运行环境(Java Runtime Environment，JRE)，这些类库在安装 Java 运行环境时已安装在用户的系统中了。

1.5.2 Java 开发工具

Java 语言最基本的开发环境是由 Oracle 公司免费提供的 JDK(Java Development Kit)，该开发环境比较简单，使用命令行编译源代码，编译、调试程序都不是很方便。

目前已有很多商业或开源的 Java 语言集成开发工具，这些开发工具集源代码的编辑、编译以及调试于一体，而且这些开发工具可以帮助程序员生成应用程序框架，减少程序员的重复劳动，提高软件开发的效率。

Oracle 公司免费提供的 JDK 虽然开发环境比较简单，但编译、调试程序都不是很方便，大部分的 Java 集成开发环境均需要 JDK 的支持,某些厂商的集成开发环境在安装过程中会自动安装特定版本的 JDK，并允许用户自行安装其他版本的 JDK，以便用户能够使用 Java 语言新版本的一些特性。目前 Oracle 公司的 Java 官方网站提供 JDK7 等多个版本的下载，用户可根据需要选择下载。

在众多集成开发环境中，Eclipse 功能比较强大，是目前影响最大的开源 Java 集成开放平台之一。Eclipse 提供了一个以插件为基础的框架，通过安装不同的插件还可以支持 C++ 等开发语言，Google 公司提供了相应的插件，将其作为 Android 平台应用开发的官方指定平台。Eclipse 的平台是基于 Java 语言编写的，并包含大量的插件创建工具以及实例。它已经在大范围的开发工作站上得到了应用，包括 Linux、HP-UX、AIX、Solaris、QNX、Mac OS X，以及 Windows 平台的系统。

本书的实验环境选择采用 Eclipse，目前官方网站提供 Eclipse Kepler(4.3.1)、Eclipse Juno (4.2)、Eclipse Indigo (3.7)等版本的下载。

1.6 最简单的 Java 程序

Java 程序主要有 Java 应用程序(Java Application)和 Applet 两种。下面给出两个最简单的 Java 程序，从中可以了解 Java 语言程序的基本结构。

1.6.1 最简单的 Java 应用程序

【**程序 1.1**】 最简单的 Java 应用程序。

```
/* HelloWorldApp.java */
class HelloWorldApp
{
  /**
   * Traditional "Hello World!" program.
```

```
    */
    public static void main (String args[])
    {
        // Write to stdout.
        System.out.println("Hello World!");
    }
}
```

程序 1.1 是一个 Java Application，它的功能很简单，向标准输出设备输出字符串"Hello World!"，运行该程序，可以在显示器上看到该字符串。

从程序 1.1 中首先看到的是注释语句，编译器在编译时将跳过该部分内容。Java 语言的注释语句有两种基本形式：

(1) 以 /*开始，以*/ 结束，其中间的所有字符在编译时被忽略。

(2) 行注释，以 // 开始到本行结束。

程序 1.1 定义了一个类 HelloWorldApp，其中定义了一个方法 main。有关类和方法的概念本书将在第 3 章详细描述。

main 方法是程序的入口点，Java 应用程序从 main 方法开始执行，若 main 方法执行结束，则该程序退出运行。因此，如果一个程序由多个类构成，则只能有一个类有 main 方法。

程序 1.1 使用了 Java API 完成字符串的输出功能，System.out 为标准输出流对象，用于访问操作系统的标准输出设备，通常情况下标准输出设备为显示设备。println 为其方法成员，其功能为输出括号中的字符串或其他类型的数据并换行。类似的还有方法成员 print，它与 println 的区别是输出数据后不换行。

程序 1.1 的结构比较简单，只定义了一个类，在后面的章节中读者将会看到包含多个类的程序。

1.6.2 最简单的 Java Applet

Java Applet 的执行环境与 Java 应用程序不同，Applet 不是独立的应用程序，它是嵌入在 HTML 文件中使用的，程序被放置在 Web 服务器上，下载到客户端后，由 Web 浏览器如微软的 Internet Explorer 执行。

【**程序 1.2**】 最简单的 Java Applet。

```
import java.applet.Applet;
import java.awt.Graphics;
public class HelloWorld extends Applet
{
    public void paint(Graphics g)
    {
        g.drawString ("你好,Java 世界!",2,20);
    }
}
```

程序 1.2 是一个最简单的 Java Applet。下面是一个发布程序 1.2 的 HTML 文件的内容，请注意其中斜黑体的部分。

<html>
<head><title>我的第一个 JavaApplet 程序</title></head>
<body>
<p>*<applet code=HelloWorld.class width=300 height=200></applet>*
</body>
</html>

将上述 HTML 文件和程序 1.2 编译得到的字节码文件 HelloWorld.class 放在 Web 服务器的同一个目录下，当使用 Web 浏览器浏览该 HTML 文件时，浏览器将下载 HelloWorld.class，然后执行。

因为执行环境与 Java Application 不同，Applet 的程序结构与 Java Application 也有所不同，当然它们有一点是共同的，即都是由若干个类组成的。

程序 1.2 的第 1 行表示该 Applet 程序需要引用 Java API 类库提供的 Applet 类。学习过 C 语言的读者应注意 import 与 C 语言中的 #inlcude 类似，但 Java 编译器的处理方法不同于 C 语言，它并不将该文件读入，而且它引用的是已经编译过的 Java 字节码文件。在编译阶段，Java 编译器将从该字节码文件中读取有关 Applet 类的信息，检验程序中对 Applet 的使用是否正确。程序 1.2 编译生成的 HelloWorld.class 文件中也不包含 Applet 类的代码。

第 2 行的作用与第 1 行类似，由于程序中用 java.awt.Graphics 类的功能来输出字符串，因此引入该类。

第 3 行开始定义 HelloWorld 类，注意后面的 extends Applet，这是 Java 类继承语法。一个 Applet 程序可以由多个类构成，其中只有一个类继承自 Applet 类，这是 Applet 程序的入口。

Applet 的执行与 Java Application 不同，从程序中看不到像 Application 中 main 方法那样的一个明显的执行流程。实际上这些都已经在 Applet 中实现了，Applet 在执行时一直等待用户的输入或其他的一些事件(如关闭浏览器)，根据不同的事件执行不同的功能。在编写 Applet 时需要做的就是提供各种事件的处理程序，例如程序 1.2 类 HelloWorld 中定义了方法 paint，该方法当 Applet 需要绘制界面时被调用。

Applet 类中定义了 paint 方法的调用形式，它有一个 Graphics 类的对象作参数，通过它可以在 Applet 的界面上绘制图形和文字。程序 1.2 调用 drawString 方法来输出一个字符串：

  g.drawString ("你好, Java 世界! ", 2, 20);

drawString 方法有三个参数：第一个是要输出的字符串；第二、三个是输出位置，分别为 x 轴、y 轴的值。

图 1.2 是程序 1.2 在 IE6.0 中执行的画面。

图 1.2　Applet 的运行

实训一 安装与熟悉 Java 开发工具

A. JDK 开发工具

一、实训目的

(1) 学习从网络上下载 JDK 开发工具与帮助文档。
(2) 学习安装 JDK 开发工具及其文档。
(3) 掌握 Java Appllcation 程序的开发过程并编写一个 Java Application 程序。
(4) 掌握 Java Applet 程序的开发过程并编写一个 Java Applet 程序。
(5) 学习编写简单的 HTML 文件以配合 Java Applet 的使用。
(6) 学习使用 JDK 的帮助文档。
(7) 给出 Java Applet、Application 例子，调试程序、修改程序功能。

二、实训内容

1. 从网络上下载 JDK 开发工具与帮助文档。

(1) 用 Web 浏览器访问 http://www.oracle.com/technetwork/java/javase/downloads/，浏览 JDK 下载页面，如图 1.3 所示。目前默认提供的是 Java7，如果需要其他版本，可点击"Previous Releases"，选择相应的版本。

图 1.3 JDK 下载页面

(2) 官方网站提供了两种下载包,一种只包含 JDK,另一种除了 JDK 还包含集成开发环境 NetBeans,如图 1.3 所示,用户可根据需要选择,点击进入相应的下载页面,然后在图 1.4 所示的页面中点击其中的 ⊙ Accept License Agreement,接受许可协议。

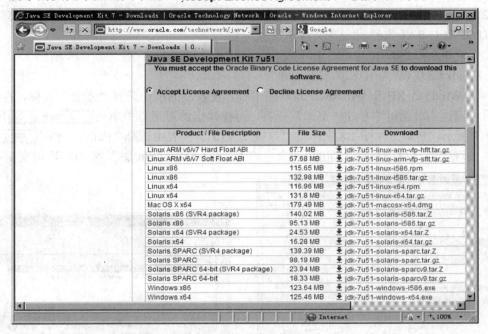

图 1.4 接受许可协议

(3) 在图 1.5 所示的页面中选择适合用户的 JDK 版本,点击下载该 JDK。Windows 环境下 IE 弹出如图 1.6 所示的对话框,点击 保存(S) 按钮,然后选择保存的文件目录,IE 将下载文件到指定的位置。

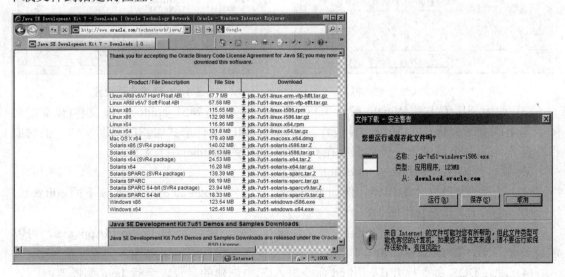

图 1.5 选择适合用户平台的 JDK 版本　　　　图 1.6 文件下载保存提示

(4) 按同样的方法,下载 JDK 的帮助文档。下载链接可在图 1.3 所示页面的下半部分找到("Java SE 7 Documentation")。

2. 安装 JDK 开发工具与帮助文档。

(1) 运行下载的可执行文件，安装 JDK。

(2) 为方便运行 Java 编译器，设置环境变量 Path。对于 Windows 95/98，修改计算机的 C:\AUTOEXEC.BAT 文件时应在文件末增加一句：

　　　set　Path=%Path%;C:\jdk1.5.0_09\bin

这里，C:\jdk1.5.0_09 为 JDK 的安装目录。

对于 Windows XP 和 Windows 2000 等平台，在控制面板中选择"系统"图标，在弹出的"系统属性"对话框中单击"高级"标签，再在弹出的对话框中单击 环境变量(N) 按钮，如图 1.7 所示。然后，在图 1.8 所示的"系统变量(S)"列表中选择"Path"，单击 编辑(I) 按钮，在出现的对话框中仿照上面的 set 命令将 C:\jdk1.5.0_09\bin 加入到 Path 环境变量中。

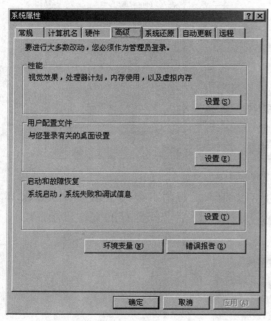

图 1.7　"系统属性"对话框

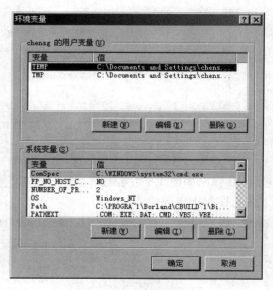

图 1.8　环境变量设置

(3) 使用解压缩工具 Winzip 解压 JDK 帮助文档 jdk-1_7451_apidocs.zip 文件(该文件名随版本不同有所变化)，该压缩文件包含一组以 HTML 文件形式组织的帮助文件，把它们保存在本地的一个目录下，例如保存在 C:\jdk1.5.0_09\document\目录下。

3. 编写并运行一个 Java Application 程序。

(1) 打开一个纯文本编辑器，例如 Windows 记事本 NotePad.exe 或 DOS 下的 edit.exe。

(2) 键入 1.2 节中的程序 1.1。

(3) 检查无误后(注意大小写准确)把文件保存起来，命名为 HelloWorldApp.java，可以创建一个目录，如 C:\Java\prog1_1，保存这个文件。

(4) 进入 DOS 命令行方式，用 cd 命令进入(3)中创建的目录，运行 Java 编译器：

　　　javac HelloWorldApp.java

(5) 如果 JDK 安装正确、程序输入无误且保存的文件名正确，运行编译器将没有任何输出；否则会输出错误信息，一般的错误都是由于拼写失误引起的。运行 dir 命令查看是否已在相同目录下生成一个名为 HelloWorldApp.class 的文件。

(6) 利用 Java 解释器运行这个 Java Application 程序，并查看运行结果：

  java HelloWorldApp

4. 编写并编译一个 Java Applet 程序。

(1) 打开一个纯文本编辑器。

(2) 键入 1.2 节中的程序 1.2。

(3) 创建一个目录保存文件，命名为 HelloWorld.java。

(4) 进入 DOS 命令行方式，在保存有上述 Java 文件的目录下运行 Java 编译器：

  javac HelloWorld.java

(5) 如果程序输入无误且保存的文件名正确，运行编译器将没有任何输出；否则会输出错误信息。运行 dir 命令查看是否已在相同目录下生成一个名为 HelloWorld.class 的文件。

5. 编写配合 Java Applet 的 HTML 文件。

(1) 打开一个纯文本编辑器。

(2) 键入如下的 HTML 程序：

  \<html\>
  \<head\>\<title\>我的第一个 JavaApplet 程序\</title\>\</head\>
  \<body\>
  \<p\>\<applet code=HelloWorld.class width=300 height=200\>\</applet\>
  \</body\>
  \</html\>

(3) 检查无误后把文件命名为 Page1.htm，保存在与文件 HelloWorld.java 同一目录下。

(4) 直接双击这个 HTML 文件的图标，或者打开 Web 浏览器(例如 IE)，在地址栏中键入这个 HTML 文件的全路径名，查看 Applet 在浏览器中的运行结果。

(5) 利用模拟的 Applet 运行环境解释、运行这个 Java Applet 程序并观察运行结果。进入 DOS 环境，在程序所在目录下运行下面的命令：

  appletviewer Page1.htm

6. 使用 JDK 帮助文档。

在 Windows 中打开 JDK 文档目录，双击 index.html 文件，或者在 Web 浏览器的地址栏中输入这个文件的路径名，打开这个文件对应的网页，查阅相关内容。

B. Eclipse 集成开发环境

一、实训目的

(1) 学习安装 Eclipse 集成开发环境。

(2) 掌握集成开发环境(IDE)的概念，了解并学习使用 Eclipse 开发环境的基本构成和功能。

(3) 了解"Project"的概念，掌握利用 Eclipse 开发并编译运行一个 Java Application 的过程。

(4) 掌握利用 Eclipse 开发一个 Java Applet 的过程。

二、实训内容

1. 安装 JDK。

使用 Eclipse 集成环境开发 Java 应用需要安装 JDK，可按 A 节介绍的方法安装。

2. 下载并安装 Eclipse。

(1) 使用 Web 浏览器访问 http://www.eclipse.org/downloads，如图 1.9 所示，根据所使用的操作系统选择相应的 Eclipse 版本下载即可。

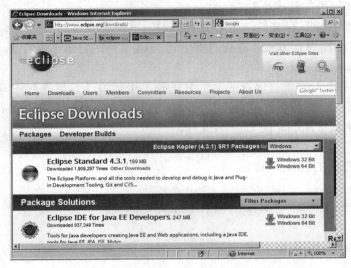

图 1.9　Eclipse 下载页面

(2) Windows 环境下无需特定的安装过程，只需将下载的压缩文件解压到本地硬盘上某一目录下即可。执行该文件夹中的 eclipse.exe 即可启动集成开发环境。

(3) 启动 Eclipse 集成环境需要设定工作文件夹，如图 1.10 所示，点击"Browse"按钮选择文件夹，然后点击"OK"按钮，以后新建的 Java 项目及源程序等均放入该文件夹。如果不希望每次启动都提示选择工作文件夹，可选择该窗口中的"Use this as the default and do not ask again"选项。

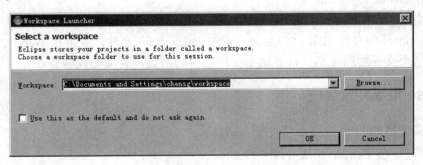

图 1.10　设置 Eclipse 工作文件夹

3. 编写并运行第一个 Java Application 程序。

(1) 进入 Eclipse 主界面，选择"File"菜单的"New"子菜单，在级联子菜单中选择"Java Project"（见图 1.11），创建一个新项目。

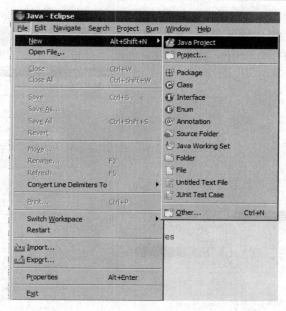

图 1.11 创建新项目

(2) 在图 1.12 中输入项目名(Project name)，单击"Finish"按钮，Eclipse 在工作文件夹中创建并存储该项目相关信息以及文件夹。在 Package Explorer 窗口中将显示该项目的信息，如图 1.13 所示。如果系统安装多个不同版本的 Java 运行环境，可以在该对话框中选择要使用的版本。

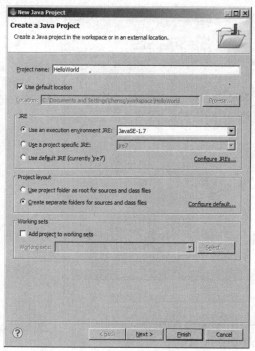

图 1.12 输入项目名和存放文件夹

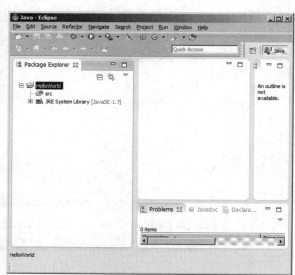

图 1.13 Package Explorer 窗口

(3) 在 Package Explorer 窗口该项目名上右击,选择新建一个类,如图 1.14 所示。

(4) 在弹出的对话框中输入类名,同时勾选 ☑ public static void main(String[] args),如图 1.15 所示。然后单击"Finish"按钮,Eclipse 将为该项目创建一个带 main 方法的类。

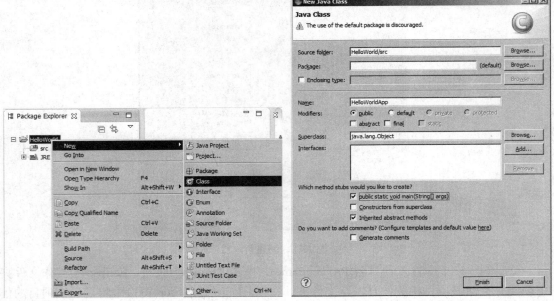

图 1.14　新建一个类　　　　　图 1.15　创建类

(5) 在源程序编辑区输入源程序,见图 1.16。

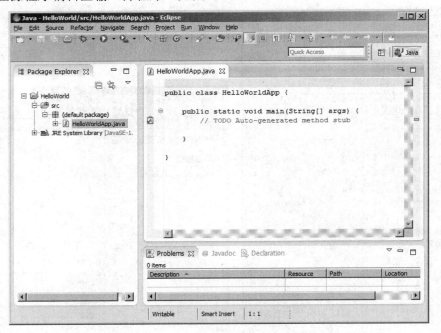

图 1.16　输入源程序

(6) 编译、运行程序。选择主菜单"Run"的子菜单"Run"或"Run as→Java Application"

即可，Eclipse 将编译并运行程序。如果编译出错，则显示错误信息，可修改程序后重新编译运行。程序运行的结果可以在下面的 Console 窗口中看到，如图 1.17 所示。

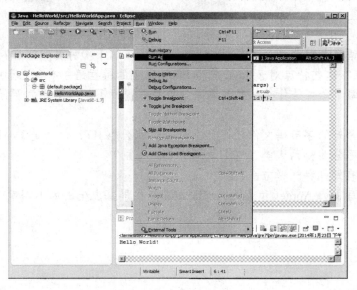

图 1.17　编译并运行程序

4. 编写并调试第一个 Java Applet 程序。

(1) 创建项目，输入源程序，方法与创建 Java Application 基本相同，但在创建类时的设置有所不同，如图 1.18 所示。

(2) 运行程序。选择主菜单"Run"的子菜单"Run"或"Run as→Java Applet"，运行画面如图 1.19 所示。

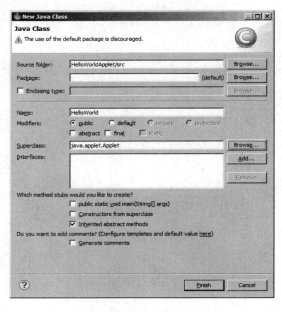

图 1.18　创建 Applet 类

图 1.19　Applet 运行画面

习题一

1. 编译型语言与解释型语言是如何划分的？Java 属于哪种类型语言？Java 程序的编译和解释有何特点？这些特点对于 Java 成为 Internet 上的编程语言有什么影响？
2. JDK 的编译命令是什么？如果编译结果报告说找不到要编译的源代码，通常会是哪些错误？
3. 运行编译好的字节码文件使用什么命令？什么是 JIT？什么是 JVM？
4. Java 程序分为哪两大类？它们之间有哪些差别？
5. Java 中有哪几种注释方式？
6. 分别编写 Java Applet 和 Java Application，在屏幕上生成如下图案：
        *
       **
      ***
      ****

第 2 章 Java 语言基础

本章主要介绍 Java 语言的基本语法，通过学习本章的内容，读者将了解变量和常量的定义、数据类型、基本运算符以及基本语句和流程控制语句的使用。

2.1 案例：课程成绩统计程序

下面首先看一个案例，本章将围绕该案例介绍所需掌握的知识。该案例是一个课程成绩统计程序，所要求实现的功能如下：

某班级有若干名学生，教师在课程考试结束后，需要统计班级某门课的最高分、最低分及平均成绩。现要求编写一个 Java 应用程序，允许教师输入学生人数和所有学生该门课的成绩，然后输出最高分、最低分及平均成绩。

完成后，程序运行情况如图 2.1 所示，输入若干学生成绩后输出最高分、最低分和平均成绩。

图 2.1 课程成绩统计程序运行情况

2.2 变量和常量

2.2.1 变量的定义

本章案例要求从键盘接收用户输入的学生成绩，学生成绩输入后必须存放到计算机内部的存储器中。在 Java 程序中可以通过变量的定义来声明所需要的存储空间，例如案例中的学生成绩是一个 0～100 之间的整数，在程序中可以采用下面的语句定义一个整型的变量来存储一个学生的成绩：

int studentGrade;

这里定义了一个名为 studentGrade 的变量，其类型为 int。一个变量的类型决定了它在存储空间中所占据的字节数和表示形式，变量的值在程序执行的过程中可以改变。

变量名在程序设计语言中称为标识符，标识符除了可以表示变量外，还可以用来表示后面将要介绍的类、方法、标号及其他各种用户自定义的对象。

Java 语言的标识符可以由字母、数字、下划线或$符号组成，以字母、下划线或$符开头，区分大小写，对标识符的长度没有特别限定。

Java 语言的基本符号采用 Unicode 字符集，而不是 ASCII 字符集，以方便支持多语种。Unicode 字符集中，字母不仅限于英语，还包括其他语言的字符，包括汉字。Unicode 字符集采用 16 位编码，一个字符在内存中占用两个字节。虽然现有的多数程序使用 ASCII 编码，但在运行前都要被转换为 Unicode 字符。

Unicode 字符集中的字母包括英文字母以及序号大于十六进制数 0xC0 的字符，因此可以使用汉字作标识符。下面都是合法的 Java 语言标识符：

变量 1，$Str，_var1，myVar

另外，与大多数程序设计语言一样，Java 语言也有一些系统保留的标识符，称为关键字或保留字。目前 Java 语言用到的关键字有：abstract、boolean、break、byte、byvalue、case、catch、char、class、continue、default、do、double、else、extends、final、finally、float、for、if、implements、import、inner、instanceof、int、interface、long、native、new、null、package、private、protected、public、return、short、static、super、switch、synchronized、this、throw、throws、transient、try、var、volatile、void、while。

cast、const、future、generic、goto、operator、outer、rest 等也被列为系统保留字，但目前的 Java 规范并未用到。另外，在 Visual J++ 中 true、false 也作为关键字使用。

Java 语言中变量必须定义后才能使用，每个变量有各自不同的作用范围，称为作用域。Java 语言中的变量定义有两种形式：一种是类的成员，本书将在第 3 章中介绍；另一种就是局部变量，指在方法或复合语句(由大括号括起的若干语句)中定义的变量，分别在所定义的方法或复合语句中起作用。图 2.2 是一个简单的例子。

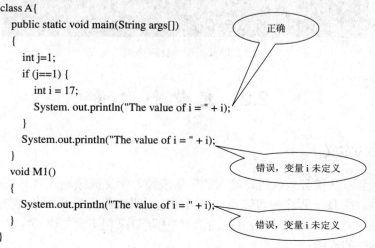

图 2.2　变量的作用域

变量定义的时候可以赋初值,例如:

    int k=20;

该语句定义了一个整型变量 k,其初值为 20。

2.2.2 常量的定义

有些数据在程序执行过程中其值不可改变,例如数学常量 π。Java 语言中的常量分为两种:一种称为直接常量,其字面代表了该常量的值;另一种是用标识符表示的常量。

直接常量根据其类型的不同,书写的方法也不同,例如 123、−780 为两个 int 型常量。

使用标识符定义常量,其形式与变量的定义类似,只是需要用关键字 final 修饰,表示该数据在执行过程中不可修改。Java 语言编译器会做相应的检查,如果发现程序中有改变该常量值的语句,编译器将指出错误。下面的语句定义了一个 int 型常量:

    final int COUNT=5;

该语句定义了一个名为 COUNT 的常量,并初始化其值为 5。由于在程序执行过程中常量的值不可改变,因此必须在初始化时定义。

有些教材将用这种方法定义的常量称为 final 变量或只读变量。

2.3 数 据 类 型

Java 语言支持的数据类型可以分为简单数据类型和复合数据类型两类。简单数据类型包括整型、实型、字符型和布尔型;复合类型包括类与接口。本章首先介绍简单数据类型。

2.3.1 整型

整型用来表示数学中的整数。Java 语言的整型分为 byte、short、int、long 四种,它们占用的内存大小和取值范围见表 2.1。

表 2.1 Java 整型数据字节数和取值范围

变量类型	字节数	取 值 范 围
byte	1	−128～127
short	2	−32 768～32 767
int	4	−2 147 483 648～2 147 483 647
long	8	−9 223 372 036 854 775 808～9 223 372 036 854 775 807

Java 语言中的整型常量可以用十进制、八进制和十六进制表示。十进制表示方法最为常见,如 123、−780。

在书写十进制常量时,注意不能以 0 为打头字符,因为 Java 语言中以 0 开始的整型常量被当做八进制处理,如 017、−0234 都是八进制表示的整型常量。八进制数据使用的数字字符只能是 0～7,不能出现 8、9。

十六进制整型常量以 0x 或 0X 开始,如 0x123、0x1AB。十六进制数据使用的数字字符是 0~9 和 A~F(或 a~f)。

整型常量中，byte、short、int 表示方法相同，而长整型(long)常量必须在数后加字母 L 或 l，表示该数是长整型，如 0L、306l。

下面是整型变量定义的例子：

  byte b;   //指定变量 b 为 byte 型
  short s;   //指定变量 s 为 short 型
  int i=10;   //指定变量 i 为 int 型，初始化为 10
  long l;   //指定变量 l 为 long 型

也可以在一条语句中定义多个变量，变量名之间以逗号隔开，例如：

  int x,y;

2.3.2 实型

Java 语言的实型数据分为单精度实型(float)和双精度实型(double)两种，分别为 32 位和 64 位 IEEE754-1985 标准浮点数。这两种类型所占内存的字节数和表示范围见表 2.2，双精度类型比单精度类型具有更高的精度和更大的取值范围。

表 2.2 实型数据字节数及取值范围

类型标识符	字节数	范围
float	4	3.4e – 038～3.4e + 038
double	8	1.7e – 308～1.7e + 308

Java 的实型常量有两种表示形式：

(1) 十进制数形式。由数字和小数点组成，且必须有小数点，如 0.123、.123、123.、123.0。

(2) 科学计数法形式。如 123e3 或 123E3，其中 e 或 E 之前必须有数字，且 e 或 E 后面的指数必须为整数。

实型常量缺省为 double 型，如果希望声明某个实型常量为 float 型，则要在数字后加 f 或 F，如 12.3F，它在机器中占 4 个字节，精度较低。

实型变量的定义方法与整型变量的定义方法相同，如：

  float f=2.3f;   //指定变量 f 为 float 型
  double d,yp=2.3;   //指定变量 d 为 double 型

Java 语言对数据类型的检查很严格，不允许用双精度的常量初始化单精度变量，因此下面的变量定义语句是错误的：

  float f=1.23;

2.3.3 字符型

Java 语言使用 Unicode 字符集，因此其字符型数据在内存中占用 2 个字节，共 16 位，其范围为 0~65 535。

字符常量是用单引号括起来的一个字符，如 'a'、'A'。对于一些特殊字符，如单引号 '，

由于该符号已用做字符常量的起始符号,因此不直接将它放在一对单引号中,而是通过转义字符来表示。

转义字符以反斜杠(\)开头,其后的字符转变为另外的含义。表 2.3 列出了 Java 中的转义字符。

表 2.3 Java 中的转义字符

转义字符	描述
\ddd	1～3 位八进制数据所表示的字符(ddd)
\uxxxx	1～4 位十六进制数所表示的字符(xxxx)
\'	单引号字符
\"	双引号字符
\\	反斜杠字符
\r	回车
\n	换行
\f	换页走纸
\t	横向跳格
\b	退格

字符型的类型标识符为 char,下面是定义字符型变量的例子:

  char c='a'; //指定变量 c 为 char 型,且赋初值为 'a'

字符类型在计算机内部的表示形式与整型数据类似,但 Java 语言不允许将字符型变量用做整型,但可与整型进行混合运算。例如:

  int i='A';

是非法的,而下面的语句是合法的:

  int i=3;
  i=i+'0';

Java 语言用双引号(")括起一串字符表示字符串常量,如 "This is a string.\n"。但与前面介绍的几种类型不同,字符串常量是作为字符串类 String 的一个对象来处理的。有关 String 的使用本书将在第 3 章中讲述。

2.3.4 布尔型

布尔型用以表示逻辑判断的结果,只有两个值:true 和 false。Java 语言中关系运算和逻辑运算的结果均为布尔型。

布尔型变量用关键字 boolean 定义,例如:

  boolean b=true; //定义 b 为布尔型变量,且初值为 true

布尔型数据不可作为整型数据使用,不能等同于 0 和 1。Java 语言中应该使用布尔型数据的地方,不可使用其他类型的数据。

true 和 false 虽然不是关键字,但在编写程序时应将其作为关键字处理,以免在阅读程序时引起误解。

2.4 运算符与表达式

2.4.1 概述

程序在运行过程中会进行各种各样的运算，例如案例 1 中求平均成绩会用到求和运算和除法运算，求最高、最低成绩会进行比较运算。Java 语言提供了丰富多样的运算符来实现各种运算。

运算符是指明对操作数进行何种运算的符号。按操作数的数目，运算符可以分为单目运算符、双目运算符和三目运算符，它们分别有一个、两个和三个操作数。Java 语言中的运算符按照功能来分，有下面几类：

(1) 算术运算符：+, -, *, /, %, ++, --;
(2) 关系运算符：>, <, >=, <=, ==, !=;
(3) 逻辑运算符：!, &&, ||, &, |;
(4) 位运算符：>>, <<, >>>, &, |, ^, ~;
(5) 赋值运算符：=, += (复合赋值运算符);
(6) 条件运算符：?:;
(7) 其他运算符：包括分量运算符.、下标运算符 []、实例运算符 instanceof、内存分配运算符 new、强制类型转换运算符(类型)、方法调用运算符()等。

Java 程序通过用各种不同的运算符与操作数连接起来构成的表达式来完成各种运算。本节主要讲述前 6 类运算符。

2.4.2 算术运算符

算术运算符是最基本的运算符，用来实现基本的算术运算，表 2.4 列出了 Java 语言的算术运算符。

表 2.4 Java 语言的算术运算符

运算符	用法	描述	数据类型
+	op1+op2	加	整型、实型、字符型、字符串
-	op1-op2	减	整型、实型、字符型
*	op1*op2	乘	整型、实型、字符型
/	op1/op2	除	整型、实型、字符型
%	op1%op2	取模(求余)	整型、实型、字符型
++	++op、op++	自增	整型、实型、字符型
--	--op、op--	自减	整型、实型、字符型
+	+op	正值	整型、实型
-	-op	负值	整型、实型

+、-、*、/ 运算符实现数学中的加、减、乘、除运算，其中运算符 + 的功能有所扩展，

可以用它进行字符串的连接，如 "abc"+"de"，得到字符串 "abcde"。除法运算当两个运算对象均为整型数据时，作整除运算。例如，45/4 的值为 10。

取模运算符%为求余运算，例如，21%4 的值为 1，25%5 的值为 0。Java 语言中取模运算的操作数也可以为浮点数，如 37.2%10=7.2。

++、-- 运算符的运算对象通常为变量，分别使运算对象的值加 1 和减 1。它们可以做前缀也可以做后缀，即 ++i 或 i++，但其含义有一定的差别。i++ 在使用 i 之后，使 i 的值加 1，因此执行完 i++ 后，整个表达式的值为原来 i 的值，而 i 的值加 1。++i 在使用 i 之前，使 i 的值加 1，因此执行完 ++i 后，整个表达式和 i 的值均为原来 i 的值加 1。对 i-- 与 --i 的运算方式与 ++ 运算符相似。假设 i 的值为 5，则不管执行 i++ 还是 ++i 后，i 的值均为 6，但第一个表达式的值为 5，而第二个表达式的值为 6。

当一个表达式中有多个运算符时，其运算顺序取决于运算符的优先级和结合顺序。

当一个表达式中有多个优先级不同的运算符时，首先计算优先级较高的运算。例如表达式 a+b*c，其中乘法运算符的优先级高于加法运算，因此首先计算 b*c，然后将 a 与 b*c 所得的结果进行加法运算。

Java 语言中算术运算符的优先级按下面的次序排列：++、-- 级别最高，然后是 *、/、%，而 +、- 级别最低。

如果一个表达式中有多个相同优先级的运算符，则按照其结合顺序进行运算。例如表达式 a+b-c 中，加法运算符与减法运算符优先级相同，它们的结合顺序是从左至右，因此首先计算 a+b，然后将 a+b 所得结果与 c 进行减法运算。

当一个表达式中有多个不同的运算符，运算顺序不能一目了然时，建议将先运算的部分加上括号( )，减少出错的几率，增加程序的可读性。

【程序 2.1】 算术运算符的使用。

```java
public class ArithmaticOp
{
    public static void main(String args[])
    {
        int a=5+4;         // a=9
        int b=a*2;         // b=18
        int c=b/4;         // c=4
        int d=b-c;         // d=14
        int e=-d;          // e=-14
        int f=e%4;         // f=-2
        double g=18.4;
        double h=g%4;      // h=2.4
        int i=3;
        int j=i++;         // i=4,j=3
        int k=++i;         // i=5,k=5
        System.out.println("a="+a);
        System.out.println("b="+b);
```

```
        System.out.println("c="+c);
        System.out.println("d="+d);
        System.out.println("e="+e);
        System.out.println("f="+f);
        System.out.println("g="+g);
        System.out.println("h="+h);
        System.out.println("i="+i);
        System.out.println("j="+j);
        System.out.println("k="+k);
    }
}
```
编译运行，其结果为

　　a=9

　　b=18

　　c=4

　　d=14

　　e=−14

　　f=−2

　　g=18.4

　　h=2.3999999999999986

　　i=5

　　j=3

　　k=5

由于实数与整型数据不同，在计算机内部存储的值是不精确的，因此使得 h 的值看起来有点古怪。

2.4.3 赋值运算符

赋值运算的功能是将一个数据或表达式的值赋给一个变量。赋值运算符是双目运算符，左边的操作数必须是变量。

Java 语言的赋值运算符可以分为两种：基本赋值运算符和复合赋值运算符。所有赋值运算符的优先级都相同，与其他运算符相比，赋值运算符的优先级最低。

基本赋值运算符是最简单的赋值运算符，格式为

　　变量名=表达式

先计算表达式，再将结果赋给变量，整个赋值表达式的值为赋值后变量的值。使用赋值运算符时，应尽量使变量和表达式的数据类型一致，否则先将表达式的值转换为变量的数据类型再赋值。例如：

　　byte b=123;

　　int i;

　　i=b;　　//自动类型转换

复合赋值运算符是在基本运算符的基础上加上另一个运算符，例如：

x*=a-b

这个表达式与下面的表达式等价：

x=x*(a-b)

先计算复合赋值运算符右边的表达式，然后将变量与该表达式的值进行指定的运算后将结果赋给该变量。常见的双目算术运算符如 +、-、*、/、% 以及下面将介绍的位运算符 >>、<<、&、|、^ 等都可以构成复合赋值运算符。

2.4.4 关系运算符

关系运算符用来比较两个值，Java 语言关系运算的结果为布尔类型的值 true 或 false。关系运算符都是双目运算符，如表 2.5 所示。

表 2.5 关 系 运 算 符

运算符	用法	返回 true 的情况
>	op1>op2	op1 大于 op2
>=	op1>=op2	op1 大于或等于 op2
<	op1<op2	op1 小于 op2
<=	op1<=op2	op1 小于或等于 op2
==	op1==op2	op1 与 op2 相等
!=	op1!=op2	op1 与 op2 不等

表 2.5 中的前四种关系运算符的优先级相同，后两种的优先级也相同，前四种的优先级高于后两种。关系运算符的优先级与前面的算术运算符相比要低一些。

参与比较大小的两个操作数或表达式的值可以是浮点型，但是浮点型数之间作"等于"比较是无意义的，因为运算总有误差，所以通常没有绝对相等的浮点数。

2.4.5 逻辑运算符

Java 语言的逻辑运算符只能对布尔类型的数据进行运算，表 2.6 列出了 Java 语言支持的逻辑运算符。

表 2.6 Java 语言的逻辑运算符

运算符	用法	功能
&&	op1&&op2	条件与
||	op1||op2	条件或
^	op1^op2	异或
!	!op1	逻辑非
&	op1&op2	逻辑与
|	op1|op2	逻辑或

&&、||、^、&、| 为双目运算符，! 为单目运算符。表 2.7 给出了逻辑运算符的运算规则。

表 2.7 逻辑运算真值表

op1	op2	op1&&op2	op1||op2	!op1	op1^op2	op1&op2	op1|op2
false	false	false	false	true	false	false	false
false	true	false	true	true	true	false	true
true	false	false	true	false	true	false	true
true	true	true	true	false	false	true	true

从表 2.7 中可以看出，&&与&的真值完全一样，||与|的真值完全一样，那么它们在 Java 语言中有什么区别呢？

条件与(&&)和条件或(||)构成的表达式求值规则是：先求出运算符左边的表达式的值，根据左边表达式的结果决定是否需要求解右边的表达式。例如：

  boolean b1,b2,b3;
  b1=false;
  b2=false;
  b3=b1&&(b2=true);

由于 b1 的值为假，则表达式 b1&&(b2=true)右边部分 b2=true 无需计算即可得到结果，因此该部分不计算，b2 的值不改变。

如果将该表达式中的"条件与"换为"逻辑与"，改成：

  boolean b1,b2,b3;
  b1=false;
  b2=false;
  b3=b1&(b2=true);

则不管前面 b1 的值为什么，b2=true 都计算，该程序片断运行结束后，b2 的值为 true。条件或(||)与逻辑或(|)的区别与此类似。

【程序 2.2】 关系运算符与逻辑运算符的使用。

```java
public class RelationLogicOp
{   public static void main(String args[])
    {
        int a=25,b=30;
        boolean d=a<b;
        System.out.println("a<b="+d );
        int e=3;
        if(e!=0&&a/e>5)
            System.out.println("a/e="+a/e);
        int f=2;
        if(f==0&(d=false))
            System.out.println("f=0");
        else
            System.out.println("f!=0");
```

```
        System.out.println("d="+d);
    }
}
```
其运行结果为：

  a<b=true

  a/e=8

  f=0

  d=true

2.4.6 位运算符

位运算符用来对整型和字符型数据按二进制位进行操作，Java 语言提供的位运算符见表 2.8。

表 2.8　Java 语言的位运算符

运算符	功能	用法
&	按位与	op1&op2
|	按位或	op1|op2
^	按位异或	op1^op2
~	按位取反	~op1
>>	带符号右移	op1>>op2
<<	左移	op1<<op2
>>>	不带符号右移	op1>>>op2

Java 语言的整型数据以补码表示。补码的最高位为符号位，正数的符号位为 0，负数的符号位为 1。补码的规定如下：对于正数，最高位为 0，其余各位代表数值本身，如 +42 的补码为 00101010。而对负数而言，将该数绝对值的原码按位取反，然后对整个数加 1，即得该数的补码，如 -42 的补码为 11010110(00101010 按位取反后为 11010101，+1 后为 11010110)。

按位与运算符 & 为双目运算符，如果参与运算的两个值相应位都为 1，则该位的结果为 1，否则为 0。例如，3&5 的结果为 1。

按位或运算符 | 也是双目运算符，参与运算的两个值只要两个相应位中有一个为 1，则该位的结果为 1。例如，3|5 的结果为 7。

按位取反运算符 ~ 是单目运算符，对数据的每个二进制位取反，即把 1 变为 0，把 0 变为 1。例如，~3 的值为 -4。3 表示成二进制为

  00000000000000011

按位取反为

  1111111111111100

该值为 -4 的补码表示。

对于按位异或运算符 ^，如果参与运算的两个值相应位相同，则结果为 0，否则为 1，即 0^0=0，1^0=1，0^1=1，1^1=0。例如，3^5 的结果为 6。

左移运算符 << 用来将一个数的各二进制位全部左移若干位。例如，a = a<<2，使 a 的

各二进制位左移 2 位，右补 0，若 a = 00001111，则 a<<2 = 00111100。高位左移后溢出，舍弃，不起作用。在不产生溢出的情况下，左移一位相当于乘 2，而且用左移来实现乘法比乘法运算的速度要快。

右移运算符>>用来将一个数的各二进制位全部右移若干位。例如，a = a>>2，使 a 的各二进制位右移 2 位，移到右端的低位被舍弃，最高位则移入原来高位的值。带符号右移运算以符号位填补空位，而不带符号右移空位固定以 0 填补。因此负数带符号右移若干位后仍为负数，而不带符号右移则变为正数。例如：

　　　–17>>2　　　结果为 –5；
　　　–17>>>2　　　结果为 1073741819。

2.4.7　条件运算符

条件运算符的格式如下：

　　　(boolean_expr)? true_statement:false_statement

如果 boolean_expr 为真，则计算 true_satatement，将结果作为表达式的值；否则计算 false_statement，将结果作为表达式的值。true_statement 与 false_statement 应为相同数据类型的表达式。例如：

　　　booleanopr1=true, opr2=fales;
　　　int count1, count2;
　　　count1=(opr1)? 3:5;
　　　count2=(opr2)? 3:5;

该程序段执行结束时，count1 的值为 3，count2 的值为 5。

2.4.8　类型转换

在编程时，经常会出现不同类型的数据进行混合运算的情况，运算前应将不同类型的数据转换为相同类型。类型转换有两种方法：自动类型转换和强制类型转换。

整型、实型、字符型等数据混合运算时，Java 语言编译器可以对它们进行自动类型转换。转换规则为从低级数据类型转换为高级数据类型：

(1) (byte 或 short) op int → int；
(2) (byte 或 short 或 int) op long → long；
(3) (byte 或 short 或 int 或 long) op float → float；
(4) (byte 或 short 或 int 或 long 或 float) op double → double；
(5) char op int → int。

这里箭头左边表示参与运算的数据类型，op 为运算符(如加、减、乘、除等)，右边表示转换后进行运算的数据类型。

混合运算中如果高级数据要转换成低级数据，需要进行强制类型转换。例如：

　　　int i=10;
　　　byte b=(byte) i;

这里使用了强制类型转换运算符把 int 型的值强制转换为 byte 型，然后赋值给变量 b。强制类型转换运算符为单目运算符，优先级高于其他运算符。

采用强制类型转换运算符将高级类型数据转换为低级类型数据会导致溢出或精度的下降，在使用时应注意值的范围。

2.5 案例的初步实现

本节给出本章案例的一个初步实现，用户输入两个学生的成绩后，程序输出最高分、最低分和平均成绩。

【程序 2.3】 本章案例的初步实现。

```java
import java.util.Scanner;
public class ch2c1
{
    public static void main(String[] args)
    {
        int firstGrade, secondGrade;
        Scanner input = new Scanner(System.in);
        System.out.println("Please input the 1st grade:");
        firstGrade = input.nextInt();
        System.out.println("Please input the 2nd grade:");
        secondGrade = input.nextInt();
        System.out.println("The maximum grade is "+((firstGrade>secondGrade)?firstGrade:secondGrade));
        System.out.println("The minimum grade is "+((firstGrade<secondGrade)?firstGrade:secondGrade));
        System.out.println("The average grade is "+((firstGrade+secondGrade)/2.0));
    }
}
```

上面的程序使用了 Java2 SDK 新增的一个类 Scanner 来实现数据的输入，使用该类创建一个对象：

　　Scanner input=new Scanner(System.in);

其中 System.in 为标准输入流，默认情况下从键盘输入数据。然后 input 对象调用 nextInt() 方法输入一个整型数据。如果用户需要输入其他数据类型可以使用其他几个方法，如 nextByte()、nextDouble()、nextFloat()、nextInt()、nextLine()、nextLong()、nextShort()等。nextLine()用于等待用户输入一个文本行并回车，该方法得到一个 String 类型的数据。

2.6 流程控制语句

2.5 节的程序结构十分简单，程序从 main 方法的第一条语句开始执行，依次执行下面的语句，执行完最后一条语句后程序结束，这样的结构称为顺序结构。

但是程序仅仅有顺序结构能实现的功能十分有限，本章案例要求输入一个班级的学生成绩，我们不可能像 2.5 节的程序那样为每一个学生的分数定义一个整型变量，因为进行程序设计时并不知道学生数，不可能按顺序写出所有分数的输入语句。要完整地实现本章案例要求的功能，需要更复杂的语句来控制程序的执行流程。

Java 语言的流程控制语句主要分为分支(选择)、重复和跳转三种类型，下面分别加以介绍。

2.6.1 分支语句

分支语句提供了一种控制机制，使得程序可以根据指定的条件选择执行部分语句或跳过某些语句不执行。Java 语言提供了两种分支语句：条件语句 if-else 和多分支语句 switch。

1. 条件语句 if-else

if-else 语句根据判定条件的真假来执行两种操作中的一种，格式如下：

  if(布尔表达式)
    语句 1
  [else
    语句 2]

其中 else 子句是任选的，可以不出现。

if 后表示条件的表达式只能是布尔类型的，如果该布尔表达式的值为 true，则程序执行语句 1，否则执行语句 2。

语句 1 和语句 2 可以是单一的语句，也可以是复合语句(用大括号{ }括起来的若干条语句)。如果是单一的语句，不要忘了语句后的分号。建议对单一的语句也用大括号括起，这样程序的可读性更好。

else 子句不能单独作为语句使用，它必须和 if 配对使用。else 总是与离它最近尚未配对的 if 配对，可以通过使用大括号{ }来改变配对关系。

【程序 2.4】 比较两个数的大小，并按从小到大的次序输出。

```java
public class CompareTwo
{
    public static void main(String args[])
    {
        double d1=21.5, d2=33.2;
        if(d2>=d1)
            System.out.println(d2+">="+d1);
        else
            System.out.println(d1+">="+d2);
    }
}
```

【程序 2.5】 判断某一年是否为闰年。

闰年的条件是符合下面二者之一：① 能被 4 整除，但不能被 100 整除；② 能被 100 整除，又能被 400 整除。

```java
public class LeapYear{
    public static void main(String args[])
    {
        int year=2003;
        boolean leap;
        if(year%4!=0)
            leap=false;
        else if(year%100!=0)
            leap=true;
        else if(year%400!=0)
            leap=false;
        else
            leap=true;
        if(leap)
            System.out.println(year+" is a leap year.");
        else
            System.out.println(year+"is not a leap year.");
    }
}
```

2. 多分支语句 switch

程序 2.5 通过 if-else 嵌套来实现多分支，程序的流程变得很复杂，可读性降低。对于一些特殊的多分支问题，可以使用 switch 语句来完成，提高程序的可读性。

switch 语句根据指定表达式的值来执行多个操作中的一个，格式如下：

```
switch (表达式){
    case    值1：语句段1；
    case    值2：语句段2；
           ⋮
    case    值N：语句段N；
    [default：语句段N+1]
}
```

switch 语句首先计算表达式的值，然后从与该值匹配的 case 后的语句段开始往下执行；如果找不到匹配的 case，则执行 default 后的语句段；如果没有 default 部分，则跳过该语句。

这里的表达式可以是整型或字符型表达式；由于实型在内存中表示是不精确的，因此不允许使用。另外还应注意，case 子句中的值应为常量，而且所有 case 子句中的值必须是不同的。

switch 语句执行过程中如果遇到 break 语句，则程序跳出该 switch 语句，执行下面的语句。

case 子句只起到标号的作用，用来查找匹配的入口并从此处开始执行，对后面的 case 子句不再进行匹配。如果某个 case 子句后的语句段中没有 break 语句，将执行下一个 case

后的语句段。因此应该在每个 case 分支后，用 break 来终止后面 case 分支语句的执行。

在一些特殊情况下，多个不同的 case 值要执行一组相同的操作，这时可以不用 break。比较下面两个程序的运行结果，可以看出 break 语句的作用。

【程序 2.6】 根据考试成绩的等级打印出百分制分数段。

```java
public class SwitchDemo{
    public static void main(String args[]){
        char grade='C';
        switch(grade){
            case 'A':System.out.println(grade+" is 85~100");
                break;
            case 'B':System.out.println(grade+" is 70~84");
                break;
            case 'C':System.out.println(grade+" is 60~69");
                break;
            case 'D':System.out.println(grade+" is<60");
                break;
            default:System.out.println("input error");
        }
    }
}
```

运行结果为

C is 60~69

【程序 2.7】 根据考试成绩的等级打印出百分制分数段。

```java
public class SwitchDemo{
    public static void main(String args[]){
        char grade='C';
        switch(grade){
            case 'A':System.out.println(grade+" is 85~100");
            case 'B':System.out.println(grade+" is 70~84");
            case 'C':System.out.println(grade+" is 60~69");
            case 'D':System.out.println(grade+" is<60");
            default:System.out.println("input error");
        }
    }
}
```

运行结果为

C is 60~69

C is<60

input error

2.6.2 循环语句

循环语句的作用是反复执行一段代码，直到满足终止循环的条件为止。Java 中提供的循环语句有 while 语句、do-while 语句和 for 语句。

1. while 语句

while 语句实现"当型"循环，格式为

  while (布尔表达式)循环体

while 语句首先判断布尔表达式的值是否为 true，如果为 true，则执行循环体，然后重复该过程；如果布尔表达式的值为 false，则终止 while 语句的执行。循环体可以是一条简单语句，也可以是用大括号括起来的语句序列。

while 语句首先计算终止条件，当条件满足时，才去执行循环中的语句，因此循环体有可能一次都不执行。

2. do-while 语句

do-while 语句实现"直到型"循环，格式为

  do

    循环体

  while (布尔表达式);

do-while 语句首先执行循环体，然后计算布尔表达式。如果布尔表达式的值为 true，则重复上述过程，直到布尔表达式的结果为 false。与 while 语句不同的是，do-while 语句的循环体至少执行一次。do-while 中的循环体可以是一条简单语句，也可以是用大括号括起来的语句序列。建议即使是一条语句也用大括号括起来，以增加程序的可读性。

3. for 语句

for 语句也用来实现"当型"循环，它的一般格式为

  for (初始化表达式; 布尔表达式; 增量表达式)

    循环体

for 语句首先计算初始化表达式，然后判断布尔表达式的值是否为 true，如果为 true，则执行循环体中的语句，最后计算增量表达式。完成一次循环后，重新判断终止条件。

for 语句通常用来执行循环次数确定的情况(如对数组元素进行操作)，在初始化部分给循环变量赋初值，在增量表达式部分修改循环变量的值。例如：

  for(k=0; k<20; k++);

该语句表示重复执行循环体 20 次。当然，与 C 语言一样，Java 语言的 for 语句也可以根据循环结束条件执行循环次数不确定的情况。

在初始化部分和增量部分可以使用逗号连接多个表达式，来进行多个动作。例如：

  for(i=0, j=10; i<j; i++, j--){

    ⋮

  }

for 语句的三个表达式都可以为空，但分号不能省略。三者均为空的时候，相当于一个无限循环。

可以在 for 语句的初始化部分声明一个变量，它的作用域为该 for 语句内部。例如：

```
for(int i=0; i<20; i++)
    System.out.println(i);
```

2.6.3　break 语句

前面在介绍 switch 语句时，用到了 break 语句，作用是终止 switch 语句的执行。Java 语言中的 break 语句除了可以用于 switch 语句外，还可以用来终止循环语句或复合语句的执行。

Java 语言中的 break 语句有两种形式：不带标号的 break 语句和带标号的 break 语句。

1. 不带标号的 break 语句

不带标号的 break 语句与前面 switch 语句中 break 的形式相同，可以用在循环语句中终止当前循环语句的执行。例如下面的程序段：

```
for(int i=0;i<20;i++){
    if(i%5==0)
        break;
    System.out.println(i);
}
```

当 i 的值为 5 时，终止循环，执行 for 语句下面的语句。

2. 带标号的 break 语句

在程序设计时，经常会遇到循环嵌套的情况，有时希望从内层循环中直接退出外层循环，在 C 语言中可以采用 goto 语句来完成，而 Java 语言不再支持 goto 语句，这时可以采用带标号的 break 语句来实现类似功能。

带标号的 break 语句形式如下：

```
break 标号;
```

这里的标号形式与 C 语言类似，代表程序当前方法中某个位置。与 C 语言不同，这时标号代表的是某一层循环，执行该 break 语句后，终止该层循环，从下面的语句开始执行。程序 2.8 是一个在循环语句中使用标号的例子。

【程序 2.8】 带标号的 break。

```
public class Class1 {
    public static void main (String[] args){
        l1:for(int i=0;i<7;i++){
            for(int j=0;j<1;j++){
                if(i==5)
                    break l1;
                System.out.println ("i="+i);
            }
        }
    }
}
```

执行结果为

    i=0

    i=1

    i=2

    i=3

    i=4

标号也可以加在复合语句的起始处，当在该复合语句中执行到 break 时，将终止该复合语句的执行。下面是一段代码的示意图，执行其中带标号的 break 语句后，复合语句 b、c 剩余的部分将不再执行。

```
a:{…//标记代码块 a
    b:{…//标记代码块 b
        c:{…//标记代码块 c
            break b;
            …//不执行
        }
        …//不执行
    }
    …//从此处开始执行
}
```

与 C 语言中的 goto 语句相比，break 语句可以实现 goto 语句的功能，但又避免了 goto 语句的缺点，即不会破坏程序的可读性。

2.6.4　continue 语句

continue 语句用于循环语句中结束本次循环体的执行，跳过循环体中下面尚未执行的语句，接着进行循环终止条件的判断，以决定是否继续循环。对于 for 语句，在进行终止条件判断前，还要先执行增量表达式。

continue 语句的格式为

    continue;

Java 语言的 continue 语句也可以带有标号，用来跳转到标号指明的外层循环中，这时的格式为

    continue 标号；

例如：

```
outer:for(int i=0;i<10;i++ )
    {           //外层循环
      for(int j=0;j<20;j++ )
        {       //内层循环
          if(j>i)
          {
```

```
        …//其他语句
        continue outer;
    }
    …//其他语句
}
    ⋮
}
```

该例中,当满足 j>i 的条件时,程序执行完相应的语句后跳转至外层循环,执行外层循环的增量表达式 i++;然后开始下一次循环。

2.6.5 其他流程控制语句

除了上面介绍的流程控制语句外,Java 语言中影响程序执行流程的语句还有两类:return 语句和异常处理语句。

return 语句表示从当前方法中退出,返回到调用该方法的语句处,继续程序的执行,有关内容将在第 3 章中介绍。

异常处理是 Java 语言提供的一种运行时错误处理机制,本书将在第 6 章中详细介绍。

2.7 案例的完整实现

本节给出课程成绩统计程序案例的完整实现。

【程序 2.9】 本章案例的完整实现。

```java
import java.util.Scanner;
public class ch2c2 {
    public static void main(String[] args) {
        int grade,maxGrade=0,minGrade=100;
        int count;
        double gradeSum=0,gradeAverage;
        Scanner input = new Scanner(System.in);
        System.out.println("请输入学生数:");
        count = input.nextInt();
        for(int i=1;i<=count;i++){
            System.out.println("请输入第"+i+"个学生的成绩:");
            grade = input.nextInt();
            gradeSum += grade;
            if(maxGrade<grade)
                maxGrade = grade;
            if(minGrade>grade)
                minGrade = grade;
```

}
            gradeAverage = gradeSum / count;
            System.out.println("最高分:"+maxGrade);
            System.out.println("最低分:"+minGrade);
            System.out.println("平均成绩:"+gradeAverage);
        }
    }

2.8 程序举例

【程序 2.10】 分别用 while、do-while 和 for 语句实现累计求和。

```
public class Sum{
    public static void main(String args[]){
        System.out.println("\n**while statement**");
        int n=10,sum=0;
        while(n>0){
            sum+=n;
            n--;
        }
        System.out.println("sum is"+sum);

        System.out.println("\n**do_while statement**");
        n=0;
        sum=0;
        do{
            sum+=n;
            n++;
        }while(n<=10);
        System.out.println("sum is"+sum);

        System.out.println("\n**for statement**");
        sum=0;
        for(int i=1;i<=10;i++){
            sum+=i;
        }
        System.out.println("sumis"+sum);
    }
}
```

【程序 2.11】 求 100～200 间的所有素数。

```java
import java.math.*;
public class PrimeNumber{
    public static void main(String args[]){
        System.out.println("**prime numbers between 100 and 200**");
        int n=0;
        outer:for(int i=101;i<200;i+=2){
            int k = Math.round((float)Math.sqrt(i));
            //用 Math 类的方法求 i 的平方根，并转换为整型
            for(int j=2;j<=k;j++){
                if(i%j==0)
                    continue outer;
            }
            System.out.print(" "+i);
            n++;
            if(n<10)
                continue;
            System.out.println();
            n=0;
        }
        System.out.println();
    }
}
```

运行结果为

```
**prime numbers between 100 and 200**
 101 103 107 109 113 127 131 137 139 149
 151 157 163 167 173 179 181 191 193 197
 199
```

实训二　结构化程序设计

一、实训目的

(1) 理解定义变量的作用并掌握其方法。
(2) 掌握各种基本数据类型及其运算。
(3) 掌握表达式的使用和各种运算符的优先级控制。
(4) 掌握结构化程序设计的分支结构。
(5) 学习用 if-else 语句实现单分支。
(6) 学习用 if-else 语句和 switch 语句实现多分支。

(7) 掌握结构化程序设计的循环结构。
(8) 学习使用 while 语句、do-while 语句和 for 语句实现循环。
(9) 学习控制循环终止条件,包括循环的正常退出以及使用 continue 语句和 break 语句。
(10) 熟悉 Eclipse 的调试功能。

二、实训内容

1. 使用 if-else 语句判断并输出今天是星期几。
提示:用 Date 类获取有关的信息,首先引入 Date 类:

    import java.Util.Date;

然后创建一个 Date 类对象,并获取信息:

    Date day=new Date();
    int today = day.getDay();   // 0 表示星期天,1 表示星期一……

2. 使用 switch 语句完成上面的功能。
3. 编写 Java 应用程序。

找出所有的水仙花数并输出。水仙花数是三位数,它的各位数字的立方和等于这个三位数本身,例如 $371 = 3^3 + 7^3 + 1^3$,371 就是一个水仙花数,请分别用 while 循环和 for 循环实现。

4. 编写 Java 应用程序。

找出所有符合下列条件的 a、b、c: a、b、c 为三个 200~300 之间的整数,其和为 752。

5. Eclipse 调试功能的使用。

Eclipse 具有一个内置的 Java 调试器,可以提供所有标准的调试功能,包括分步执行、设置断点和值、检查变量和值、挂起和恢复线程的功能。下面以程序 2.10 为例简要介绍 Eclipse 的部分调试功能。

(1) 断点的设置。断点是常用的一种调试程序的方法,调试模式下执行到断点所在位置时,程序挂起暂停执行,程序员可以观察变量当前值,判断程序运行是否已出现错误。Eclipse 在源程序编辑窗口中右击需要设置断点的行首位置将弹出一个功能菜单,如图 2.3 所示。菜单项"Toggle Breakpoint"可以设置或取消断点,断点所在的行前显示 。

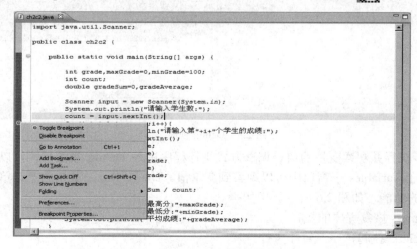

图 2.3 断点的设置

(2) 以调试方式执行程序。点击工具栏的 ✲ 按钮或主菜单"Run"的"Debug"子菜单，Eclipse 将以调试方式执行程序。执行过程中若遇到断点，Eclipse 将切换到 Debug 视图，如果 Debug 视图尚未打开，则显示图 2.4 所示的对话框，询问是否切换到 Debug 视图，单击"Yes"按钮即可。Debug 视图如图 2.5 所示，可以用左上角的 "Debug"(或"Java")按钮在 Debug 视图与 Java 视图之间进行切换。

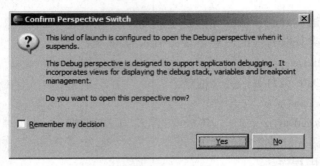

图 2.4　询问是否切换到 Debug 视图的对话框

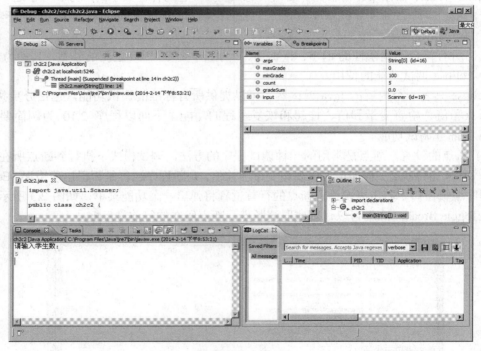

图 2.5　Debug 视图

(3) 单步执行并观察变量的值。调试方式执行程序进入 Debug 视图后，可以单步执行 Java 程序，在 Variables 子窗口中可以观察到变量值。此时"Run"菜单的子菜单提供了常见调试所需的功能，如图 2.6 所示。例如：

- Resume：恢复程序的执行。
- Suspend：挂起程序，暂停执行。
- Step Into：逐语句单步执行，跟踪进入被调用的方法。

- Step Over：逐语句单步执行，不跟踪进入被调用的方法。

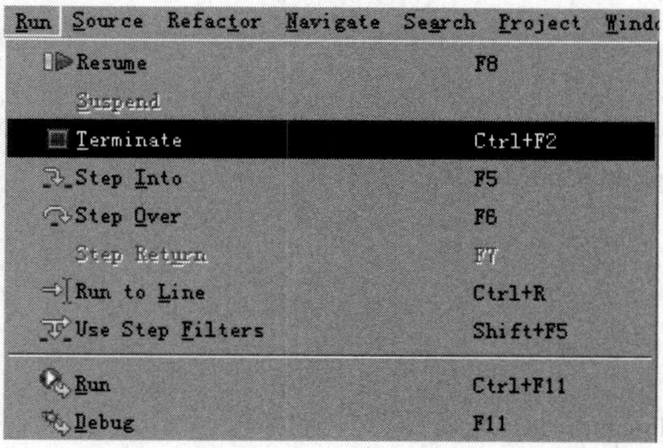

图 2.6　Run 菜单中的主要调试功能

习题二

1. 变量在程序中起什么作用？如何定义变量？Java 对标识符命名有什么规定？下面的几个标识符哪些是合法的，哪些是非法的？
(1) %abcd5　　(2) $_is_true　　(3) 中文变量名
(4) A-Var　　(5) 3rd_var　　(6) _trueFalse

2. 请指出下列直接常量的类型：
　　176　8905L　37.20　45.6023D　469.2F　.5　5E12　'c'　"C"　true false

3. 写出下列表达式的结果(设 x=1，y=2，z=3，u=true)。
(1) y+=++z/x--
(2) u=!((x>=--y||y++<=z--)&&y==z)
(3) u=!((x>=--y|y++<=z--)&y==z)
(4) u=y>z^x!=z
(5) x>y?(x>z?x:y):(y>z?y:　(z>x?z:　x))
(6) u=z<<y==z

4. 简述 Java 语言的流程控制语句与 C 语言的主要区别。

5. 找出下列程序中的错误。
(1) 程序一：
```
class Class1{
    public static void main(String args[])
    {
        final int k=10,i=5;
        boolean cont=1;
        System.out.println("k="+k);
        System.out.println("i="+i);
```

```
            i++;
            cont=i==k;
        if(cont)
            System.out.println("now i = k");
        }
    }
```

(2) 程序二：
```
class class1{
    public static void main(String args)
    {
        int j;
        String new;
        new="Hello! ";
        System.out.println("Hello World! ")
        for(j=0;j<5;j++)
        {
            j++;
            System.out.println(new);
        }
    }
}
```

(3) 程序三：
```
public class AmIwrong
{
    public static void main(String args[])
    {
        ch='A';
    }
    static void secondMethod()
    {
        char ch='z';
    }
}
```

6. 写出以下程序或程序段的输出结果。

(1) 程序一：
```
int    x=0,y=4, z=5;
if ( x>2){
    if (y<5){
```

```
            System.out.println("Message  one");
        }
        else {
            System.out.println("Message  two");
        }
    }
    else if(z>5){
        System.out.println("Message  three");
    }
    else {
        System.out.println("Message  four");
    }
```

(2) 程序二:
```
    int   j=2;
    switch(j) {
      case  2:
          System.out.print("Value is two. ");
      case  2+1:
          System.out.println("Value is three. ");
          break;
      default:
          System.out.println("value is"+j);
          break;
    }
```

(3) 程序三:
```
    public class Class1
    {
      public static void main (String[] args)
      {
          l1:   for(int i=0;i<7;i++){
              for(int j=0;j<10;j++){
                  if(i==5)
                      continue l1;
                  System.out.println ("i="+i);
              }
          }
          System.out.println("Bye");
      }
    }
```

(4) 程序四:
```java
public class Class1
{
    public static void main (String[] args)
    {
        l1:    for(int i=0;i<7;i++){
            for(int j=0;j<10;j++){
                if(i==5)
                    break l1;
                System.out.println ("i="+i);
            }
        }
        System.out.println("Bye");
    }
}
```

(5) 程序五:
```java
public class Sum
{   public static void main(String args[ ])
    {   double sum = 0.0;
        for ( int i = 1; i <= 100; i++)
            sum += 1.0/(double) i;
        System.out.println( "sum="+sum );
    }
}
```

第 3 章 类 与 对 象

3.1 面向对象的基本思想和基本概念

大部分传统的高级程序设计语言(如 C 语言)都是过程化的语言,在软件开发的过程中采用自顶向下、逐步细化的方法将整个程序描述为一个过程。对于小型的系统,这种方法是可行的,但是当系统规模很大、复杂度很高时,用过程化方法描述变得十分困难,面向对象的软件开发方法可以很好地解决这个问题。

目前,面向对象的方法在软件开发工作中得到了广泛的应用,越来越多的软件开发工具开始支持面向对象的开发方法。Java 语言就是一种面向对象的程序设计语言。要充分利用 Java 语言的特性,首先应该理解面向对象的基本思想。

3.1.1 面向对象的基本思想

面向对象的基本思想是:系统是由若干对象构成的,每个对象都有各自的内部状态和运动规律,不同对象之间通过消息传送相互作用和联系。

图 3.1 是生活中看电视的一个场景,观众按下遥控器上的频道按钮,遥控器发出红外信号,电视机收到红外信号后切换到相应的频道,播放该频道的节目。这里有三个对象:观众、遥控器和电视机,这三个对象之间通过特定的方法相互发送消息。

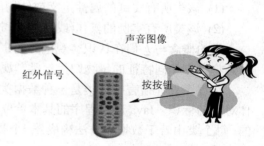

图 3.1 看电视场景中的对象和消息

采用对象的观点看待所要解决的问题,并将其抽象为系统是极其自然与简单的,因为它符合人类的思维习惯,使得应用系统更容易理解。同时,由于应用系统是由相互独立的对象构成的,使得系统的修改可以局部化,因此系统更易于维护。例如,对于一个企业的管理信息系统,将整个系统描述成一个过程是难以想象的,但可以分别描述各个部门的特性和工作流程,然后描述部门之间的联系。这里各个部门就是组成企业的对象,当然,在描述每个部门的特性时可以采用同样的方法。

3.1.2 对象与类

使用计算机软件来模拟现实世界,必须使用适当的方法来描述现实世界中的事物。面向对象方法将客观世界中的事物用一组数据和施加于该组数据上的一组操作(行为)来描述，称为对象。

对象的描述通常由三个部分组成：

(1) 私有的数据结构。它用于描述对象的内部状态。例如，电视机内部保存当前的频道、音量、图像亮度等信息的数据结构。

(2) 处理。也称为操作或方法，它是施加于数据结构之上的。例如，电视机接收到更换频道的红外遥控信号后，更换频道，修改内部保存当前频道的数据。

(3) 接口。这是对象可被共享的部分，消息通过接口调用相应的操作。接口规定哪些操作是允许的，它不提供操作是如何实现的信息。例如，电视机通过红外接口接收指定的操作信号，电视机对外的接口就是其能够接收的红外信号。

实际上，采用面向对象方法进行系统分析与设计时要描述的并不是一个个具体的对象。就像电视机的设计人员设计的并不是某一台具体的电视机，而是某一个型号的电视机，按照该型号的设计方案可以生产许多台电视机，这些电视机具有相同的特征。为了描述这种具有相同特征的对象，面向对象方法引入了类的概念。

类是对一组具有相同特征的对象的抽象描述，所有这些对象都是这个类的实例。对于一个具体的系统而言，可能存在很多具有相同特征的对象，而且通常系统中对象的数目是不确定的。例如，对于一个学籍管理系统，存在许多学生对象，它们具有相同的结构特征和行为特征，只是表示内部状态的数据值不同。对于学籍管理系统，学生是一个类，而一个具体的学生则是学生类的一个实例。一个类的不同实例具有相同的操作或行为的集合和相同的信息结构或属性的定义，但属性值可以不同；不同的实例具有不同的对象标识。对于学生类中的每一个对象，描述它们所使用的数据结构相同，但是值不同。

一个类的定义至少包含以下两个方面的描述：

(1) 该类所有实例的属性定义或结构的定义。

(2) 该类所有实例的操作(或行为)的定义。

类的概念与人们在认识客观世界的事物时所采取的分类思想相同。人们在认识事物时总是将具有相同特征的事物归为一类，属于某类的一个事物具有该类事物的共同特征。

在程序设计语言中，类是一种数据类型，而对象是该类型的变量，变量名即是某个具体对象的标识。Java 语言程序的基本单位就是类，一个完整的 Java 程序是由若干个类构成的，每个类由若干数据和方法构成，一个类的定义包含属性(数据)和方法(行为)两部分内容。

3.1.3 封装性、继承性与多态性

1. 封装性

对象的一个基本特性是封装性。封装是一种信息隐藏技术，对象内部对用户是隐藏的，不可直接访问；用户只能见到对象封装界面上的信息，通过对象的外部接口访问对象。用户向对象发送消息，对象根据收到的消息调用内部方法作出响应。封装的目的在于将对象的使用者和对象的设计者分开，使用者无需知道对象内部实现的细节，只需要知道对象接收的消息即可。

观察一下上面所举例子的电视机和遥控器可以发现，电视机内部保存了当前电视机的状态，如频道、音量等，观众可以通过电视机屏幕显示的信息来了解其状态，而无需知道

其内部是如何运作的，只需要通过遥控器向电视机发送操作指令即可。

Java 语言通过类来实现封装，类中定义的属性和方法分为私有的和公有的。私有属性和方法不能在对象的外部访问，只能由类内的方法访问。而在对象的外部，只能访问对象的公有属性和方法，只需要知道公有属性的数据类型和名字以及公有方法的原型，至于这些方法是如何实现的对象外部并不需要知道。

对象的封装特性可以提高模块之间的独立性，使得系统易于调试和维护。在电视机的例子中，电视机和遥控器是两个相互独立的对象，电视机和遥控器的设计人员确定电视机所接收的红外信号的数据格式后，可以分别设计电视机和遥控器，不管电视机的设计方案如何修改，只要其所接收的红外信号的数据格式不变，遥控器设计人员便无需修改其设计方案。

2. 继承性

人们在对客观世界的事物进行描述时，经常采取分类的方法。类是有层次的，即某个大类的事物可能分为若干小类，而这些小类又可能分为若干个更小的类。

面向对象方法采纳了事物分类的层次思想，在描述类的时候，某些类之间具有结构和行为的共性。例如，描述教师与学生时均需描述姓名、年龄、身高、体重等属性，将这些共性抽取出来，形成一个单独的类——人，用于描述教师类和学生类的共性。类人的结构特征和行为特征可以被多个相关的类共享，教师类和学生类继承了类人的结构特征和行为特征。

Java 语言支持类的继承，可以从一个类中派生出一个新的类，原来的类称为超类或父类，新类称为超类的子类或派生类。子类的对象具有超类对象的特征，同时又有其自身特有的特征。子类又可以派生出新的子类，子类的子类也称为派生类。

利用类之间的继承关系，可以简化类的描述，提高软件代码的可重用性。在设计一个新类时，不必从头设计编写全部的代码，可以通过从已有的具有类似特性的类中派生出一个类，继承原有类中的部分特性，再加上所需的新特性。

另外，人们在对客观世界的事物分类时，一个事物可能属于多个类，具有多个类的特性。例如一个黑人学生，他既属于学生类，又属于黑人类。这种情形在面向对象方法中称为多继承，即一个类同时从多个类中派生出来，此时类的层次结构是网状的。

Java 语言为了不使语法过于复杂，不支持多继承，只允许子类有一个超类，称为单继承。不过 Java 语言提供了接口机制，可以在一定程度上模拟多继承。

3. 多态性

多态性是面向对象系统的又一重要特性。所谓多态，即一个名词可具有多种语义，如一个方法名有多种功能，或者相同的接口有多种实现方法。就电视机的例子来说，采用同样的操作来降低音量，不同型号的电视机其内部实现的方法各不相同，对不同的电视机对象发送同样的消息"降低音量"，不同的电视机对象执行不同的操作。

在 Java 语言中，多态性通过方法的重载、覆盖和接口来实现。

方法的重载是指多个方法具有相同的名称，但各个方法的参数表不同，即参数的类型和参数的数量不同。有关重载的问题本书将在 3.6.1 节讨论。

覆盖是指类派生过程中，子类与超类的方法不仅名称相同，参数也完全相同，但它们的功能不同，这时子类中的方法覆盖了超类中同名的方法。

接口实际上是一种特殊的类，只给出方法的名称、参数和返回值的类型，方法的具体实现在实现该接口的类中给出。本书 3.6.3 节将详细介绍 Java 语言中接口的使用方法。

多态性使得方法的调用更加容易、灵活和方便。

3.2 案例：员工工资计算程序

本章将介绍 Java 语言中面向对象的基本语法，通过不断完善员工工资计算案例的功能，逐步介绍 Java 语言中类的定义、对象的创建及其封装性、继承性和多态性。

员工工资计算程序所需实现的功能描述如下：

某公司按周付给员工工资。公司有三种类型的员工：固定工资员工，他们无论每周工作时间长短均付给固定的薪水；钟点工，按小时付工资和加班费；佣金员工，其工资按销售额提成。该公司希望通过一个 Java 程序实现不同类型工资的计算，输入员工的类型和相关数据后计算每个员工的工资额并输出工资列表。

最终完成程序的执行情况如图 3.2 和图 3.3 所示。

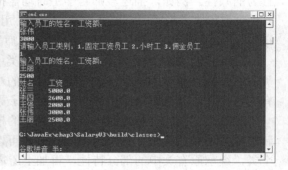

图 3.2 输入员工人数和工资信息　　　　图 3.3 输出员工工资表

3.3 类的声明与对象的创建

3.3.1 类声明的基本语法

1. 类的声明

正如 3.1 节所述，在程序设计阶段不可能描述某一个具体的对象，而是使用类来描述一类对象。对 3.2 节所描述的案例，我们不可能去描述某一个具体的员工所具有的特征。从该案例的描述中可以看出，所有员工分为三种类型，可以定义三个类分别描述固定工资员工、钟点工和佣金员工。

Java 语言的类声明的完整语法很复杂，下面先介绍最简单的形式：

```
class 类名{
    类体
}
```

类体部分用于定义类的变量和方法。变量用来描述该类对象的属性，方法用来描述对象的行为特征，一个方法完成一个相对完整的功能，类似于 C 语言的函数或其他语言子程序的概念。Java 语言中没有独立的函数和过程，所有的子程序都是作为方法定义的，同样 Java 语言也没有其他语言中的全局变量。

类中定义的变量和方法都是类的成员，Java 语言对类成员的访问有一定的权限限制。在定义属性和方法时，可以指定访问权限，Java 中的访问权限有 private、protected 和 public。如果不指定访问权限，则为 friendly。有关权限的使用将在 3.4.1 节中介绍。

2. 变量成员的定义

Java 语言中的变量有以下两种：

一种是在某个方法中定义的局部变量，如第 2 章 main 方法中定义的变量，这些变量只有当其所在的方法被调用时才存在，其作用范围为方法或其所在的复合语句。

第二种变量就是类的成员，定义的一般形式为

    [final] [private|protected|public] 类型 属性名[=初值];

例如：

    class TV{   //电视类
        int channel;   //频道
        int volume;   //音量
    }

final 为可选项，用 final 修饰的成员变量为常量。在程序中不能改变常量的值，常量必须在定义时初始化。

private、protected、public 表示访问权限，三者最多只能有一个存在。

与局部变量一样，成员变量也可以初始化，例如上面的电视类，频道初始化为 1，音量初始化为 5，则可定义如下：

    class TV{   //电视类
        int channel = 1;//频道
        int volume = 5;//音量
    }

成员变量的类型可以是 Java 语言中的任意数据类型，包括简单类型、数组、类和接口。在类中，成员变量名应该是唯一的。

3. 方法成员的定义

方法的定义形式与 C 语言的函数定义类似，基本形式为

    [private|protected|public] 返回值类型 方法名([形式参数表])
    {
        方法体
    }

这是最基本的形式，在后面的章节中还会陆续出现一些变化。下列代码为电视类增加的两个调整电视频道的方法，这里假设频道的范围为 0～99。

    class TV{   //电视类

```
        int channel = 1;              //频道
        int volume = 5;               //音量
        void incChannel()             //频道 + 1
        {
            channel = (channel+1)%100;
        }
        void decChannel()             //频道 – 1
        {
            channel = channel-1;
            if(channel<0)
                channel = 99;
        }
    }
```

类中的方法可以访问该类的变量成员以及方法内定义的局部变量和形式参数。方法内定义的局部变量和形式参数只能在该方法内被访问。

方法在定义时还可能使用其他一些修饰符，例如，static、abstract、final、synchronized 分别用于声明静态方法、抽象方法、最终方法以及同步方法，本书将在后面的章节中分别加以介绍。

另外，有时为了满足一定的要求，需要使用其他语言实现一个方法，如果对硬件直接进行某些操作或访问本地操作系统的系统功能，可以使用 native 修饰符声明一个本地方法。native 方法不能移植，只能用于指定的运行平台。

4．方法的调用

定义一个类后，我们可以创建对象，调用方法。方法的调用相当于给对象发送消息，因此需要首先指定接收消息的对象。下面的例子使用了上面的电视类：

```
    class TVApp{
        public static void main (String[] args)
        {
            TV aTV=new TV();           //买来一台电视机
            aTV.incChannel();          //按下遥控器上频道增加的按钮，向电视机发送消息
        }
    }
```

语句 aTV.incChannel()调用 TV 类的方法，这里 aTV 为 TV 类的实例，方法 incChannel 调用时将 aTV 的 Channel 成员的值加 1。

5．方法的返回值

Java 语言中每一次调用方法可以得到一个返回值，可以用赋值语句将其赋给其他变量或参与运算。方法定义时必须指定返回值类型，如果该方法没有返回值，必须定义为 void。下面的代码片段为电视类增加一个获取当前频道的方法。

```
        class TV{        //电视类
```

```
    …//此处省略前面已有代码
    int getChannel()
    {
        return channel;
    }
}
```

正如这个例子中看到的,Java 语言使用 return 语句从被调用的方法中返回。return 语句的基本形式有两种:

(1) return 表达式; 或 return(表达式);
(2) return;

第一种形式用于有返回值的情况,第二种形式用于无返回值的情况。对于第一种情况,return 后的表达式类型应与声明的返回值类型一致,否则会产生编译错误。

如果某方法声明了返回值类型,必须保证在该方法的每一条执行路径都有返回值。例如下面的方法定义:

```
int func(int a,int b)
{
    if(a>b)
        return a-b;
}
```

该方法的定义是错误的,当 a<=b 时,该方法在执行时没有确切的返回值。这种情况在 Java 语言中是不允许的。下面的方法定义是正确的:

```
int func(int a,int b)
{
    if(a>b)
        return a-b;
    else
        return b-a;
}
```

6. 参数的传递

Java 语言中的方法可以有参数也可以没有参数,参数类型可以是简单数据类型,如整型、实型、字符型和布尔型,也可以是复合类型,如数组和自定义类的对象。

方法被调用时,必须给定实际参数,实际参数的类型应与形式参数的类型一致。对于简单类型数据,实际参数传递给形式参数时采用值传递;如果参数为复合类型,则传递引用,此时实参、形参为同一对象。程序 3.1 的运行结果可以很好地说明这个问题。

【程序 3.1】 参数传递的方法。

```
class B{
    private int b;
    int Getb(){return b;}
```

```java
    void Setb(int j){b=j;}
}
public class MethodParm{
    void Method1(int Parm1,B Parm2)
    {
        Parm1=Parm1+10;
        Parm2.Setb(20);
    }
    public static void main (String[] args)
    {
        int a=10;
        B b=new B();
        b.Setb(10);
        MethodParm obj=new MethodParm();
        obj.Method1(a,b);
        System.out.println(a);
        System.out.println(b.Getb());
    }
}
```

程序的运行结果为

10
20

Method1 方法有两个形式参数，其中 Parm1 为简单类型，Parm2 为复合类型。Method1 被调用时首先为 Parm1 分配空间，将实际参数 a 的值复制给 Parm1，因此 Parm1 与实际参数 a 在内存中分别占据不同的空间，Parm1 值的改变不影响实际参数 a。而实际参数 b 与形式参数 Parm2 代表同一对象，Parm2 调用方法 Setb 并改变其变量成员的值，它实际上是改变了实参对象。

基于以上原因，Java 语言通常将复合类型称为引用类型。出于安全性考虑，Java 语言抛弃了 C 语言中的指针类型，使用引用类型来完成 C 语言中采用指针完成的部分工作。

7. this

如果局部变量或形式参数与变量成员同名，在该方法体中直接使用变量名则是对局部变量或形式参数的访问。如果需访问变量成员，可通过关键字 this 来访问。

【程序 3.2】 this 使用举例。

```java
/**
 *this 关键字使用举例
 */
public class thisDemo {

    public static void main(String[] args) {
```

```
            thisDemo aObj=new thisDemo();        //创建 thisDemo 类型对象 aObj
            aObj.aMethod();                      //调用 aMethod 方法
        }

        private int aVar=10;

        public void aMethod() {
            int aVar=20;
            System.out.println("变量成员 aVar="+this.aVar);
            System.out.println("局部变量 aVar="+aVar);
        }
    }
```

aMethod 方法中 this.aVar 访问当前对象的成员 aVar，第二个输出语句中的 aVar 代表方法内部定义的局部变量 aVar。Java 语言中类方法成员调用时必须通过该类对象调用，例如上面程序中 main 方法中的语句：

```
        aObj.aMethod();
```

这里 aObj 为 thisDemo 类对象，aMethod 为 thisDemo 类的方法成员，在方法成员中 this 指代当前对象。在 aMethod 方法执行时，this 指代对象 aObj。再看下面的例子：

```
        class A{
            int a=3;
            public void Print(){System.out.println("a="+a);}
        }
```

Print 方法中的 a 相当于 this.a，该方法中无同名的局部变量，不会引起混淆，所以无需使用 this。

3.3.2 类的构造方法与对象的初始化

类定义了一类对象的特性，每一个对象都是相应类的实例。定义一个类后，就可以定义对象，然后访问对象的方法和变量成员了。

1. new 运算符

Java 语言使用 new 运算符创建对象。例如，程序 3.2 中 main 方法定义对象的语句：

```
        thisDemo aObj=new thisDemo();
```

创建了一个 thisDemo 类的对象，也可以写为下面的形式：

```
        thisDemo aObj;
        aObj=new thisDemo();
```

首先声明一个 thisDemo 类对象的引用 aObj，与定义简单数据类型变量不同，这里尚未创建 thisDemo 类的对象。变量名 aObj 只是程序中访问对象的一条途径，并不是对象本身，执行下面的语句后 bObj 与 aObj 表示同一个对象：

```
        thisDemo bObj= aObj;
```

Java 语言将这类数据类型称为引用类型,与 C/C++中的指针相似。引用类型变量在未赋值前,其值为 null。

定义对象引用后,用 new 运算符完成对象的创建工作,分配存储空间,并对其初始化。new 运算符创建对象的一般方法为

  变量名=new 类名([构造方法实参表]);

类名可以是系统预定义的类,也可以是自定义的类。括号中是传递给构造方法的实参,用于初始化该对象。

2. 构造方法

构造方法是一种特殊的方法,创建对象时被自动调用。构造方法的主要作用是初始化对象,如初始化对象的变量成员。

程序 3.2 中使用赋初值的方法给变量成员 aVar 赋初值 10,任意一个 thisDemo 类的对象在创建时其变量成员 aVar 的值均为 10。有时我们并不希望这样,例如首先定义一个学生类,然后再创建不同的学生对象,每个学生对象的学号等信息是不同的,应在对象创建时即能赋予不同的值,此时采用变量赋初值的方法是无法实现的,需要采用构造方法来实现。

与一般的方法不同,构造方法的方法名与类名相同,构造方法没有返回值类型的说明,方法体中也不可以用 return 语句带回返回值。

与其他方法相同,构造方法可以有参数。如果一个类定义了构造方法,则在创建该类对象时必须按照构造方法的要求给出实参。

【程序 3.3】 构造方法举例。

```java
/**
*构造方法举例
*/
public class Student {

    public Student(String stuNo,String stuName) {
        Number = stuNo;
        Name = stuName;
    }

    public static void main(String[] args) {
        Student stu1 = new Student("05060001","zhang");    //传递参数给构造方法
        Student stu2 = new Student("05060002","li");
        stu1.printInfo();
        stu2.printInfo();
    }
    private String Number;

    private String Name;
```

```
    public void printInfo() {
      System.out.println("Number:\t"+Number);
      System.out.println("Name:\t"+Name);
    }
  }
```

Java 语言允许一个类有多个构造方法,只要这些方法的参数形式不同即可。例如:

```
class Point{
  int x,y;
  Point(int x,int y){this.x=x;this.y=y;}
  Point(){x=y=0;}
}
```

下面的语句在创建 Point 类对象时分别调用不同的构造方法:

```
Point p1=new Point(10,10);
Point p2=new Point();
```

在构造方法中可以通过 this 关键字调用该类中其他的构造方法。例如,上面的例子可改写为下面的形式:

```
class Point{
  int x,y;
  Point(int x,int y){this.x=x;this.y=y;}
  Point(){this(0,0);}
}
```

第二个构造方法调用第一个构造方法,this 后面括号中的内容为传递给第一个构造方法的实参。如果该构造方法中还有其他的语句,应保证将 this 语句放在最前面。

3. 对象初始化

Java 语言提供了三种初始化对象的方法,除了上面介绍的构造方法外,还可以采用下面两种方法:

(1) 定义变量成员时赋初值;
(2) 使用类体中的初始化程序块。

下面的例子中使用了 Java 语言提供的三种初始化对象的方法。

【程序 3.4】 对象的初始化。

```
//对象的初始化方法演示
class A{
  int x=5;
  {    //初始化程序块开始
    System.out.println(x);
    x=6;
    System.out.println(x);
  }    //初始化程序块结束
```

```
        A(int i)
        {
            x=i;
            System.out.println(x);
        }
    }
    public class InitDemo
    {
        public static void main (String[] args)
        {
            A a=new A(7);
        }
    }
```
程序的运行结果为
5
6
7

从程序 3.4 的运行结果可以看出，Java 程序在创建对象时首先分配空间，然后按照类中定义的成员变量的初值初始化相应的成员，接着执行类中的初始化程序块，最后执行构造方法。

4．对象的清除

在一些程序设计语言如 C++ 语言中，动态创建的对象必须由程序显式清除，释放其所占用的内存空间；而 Java 语言中对象的清除是自动进行的，当系统内存用尽或用户在程序中调用 System.gc 方法时，Java 运行系统启动垃圾收集器，自动回收不再使用的对象。垃圾收集器可以自动判断哪些对象不再使用，例如程序片断：

```
A a=new A();
a=new A();
```

在内存中创建了两个 A 类对象，执行该程序片断之后，第一次创建的 A 类对象在程序中无法再访问，Java 垃圾收集器将自动收回该对象占用的空间。对不再使用的对象，程序中可以将对该对象的引用赋值为 null，以释放资源。

Java 语言允许用户为每个类定义一个特殊的方法 finalize()，当垃圾收集器清除该类对象时将调用该方法，如果用户有一些特殊的清除工作可安排在 finalize()方法中。但是用户无法预测 finalize()方法被调用的时间，即使调用 System.gc 强制启动垃圾收集器，也可能因为其他任务的优先级高于垃圾收集任务，而不能立即启动。因此，一些与时间相关的代码不应加入到 finalize()方法中。

3.3.3 对象的使用

在对象创建之后，就可以使用该对象了，可以访问对象的变量成员和方法成员。访问成员的基本语法形式如下：

对象名.变量成员名
　　对象名.方法成员名([实际参数表])
前面的例子中已出现多个方法调用和访问变量成员的语句，这里不再举例。

　　Java 语言引入了一个与对象有关的运算符 instanceof，用来测试一个指定的对象是否是指定类的实例，若是，返回 true，否则返回 false。例如：
　　if(obj1 instanceof Class1){
　　　⋮
　　}
其中，obj1 为对象名，Class1 为类名。若 obj1 为 Class1 类的对象，则执行大括号中的语句。

3.3.4　案例的初步实现

　　利用上面介绍的语法知识，可以给出员工工资计算程序的一个简化实现，下面的程序仅输入和处理一个员工工资的信息。

　　【程序 3.5】　员工工资计算程序的初步实现。

```java
// SalaryEmployee.java
public class SalaryEmployee {
    private String name;
    
    private double salary;
    
    public SalaryEmployee(String name, double salary) {
        this.setName(name);
        this.setSalary(salary);
    }
    
    public void PrintSalary() {
        System.out.println(getName()+"\t"+CalculateSalary());
    }
    
    public double CalculateSalary() {
        return getSalary();
    }
    
    public String getName() {
        return name;
    }
    
    public void setName(String name) {
        this.name = name;
```

```java
    }

    public double getSalary() {
        return salary;
    }

    public void setSalary(double salary) {
        this.salary = salary;
    }
}

// HourlyEmployee.java
public class HourlyEmployee {
    public HourlyEmployee(String name,double hours,double wage) {
        this.setName(name);
        this.setHours(hours);
        this.setWage(wage);
    }
    private String name;
    private double hours;      //小时数
    private double wage;       //每小时工资额
    public void PrintSalary() {
        System.out.println(getName()+"\t"+CalculateSalary());
    }

    public double CalculateSalary() {
        return getHours()*getWage();
    }

    public String getName() {
        return name;
    }

    public void setName(String name) {
        this.name = name;
    }

    public double getHours() {
        return hours;
```

```java
    }

    public void setHours(double hours) {
        this.hours = hours;
    }

    public double getWage() {
        return wage;
    }

    public void setWage(double wage) {
        this.wage = wage;
    }
}

// CommisionSalary.java
public class CommisionEmployee {
    public CommisionEmployee(String name,double rate,double sales) {
        this.setName(name);
        this.setRate(rate);
        this.setSales(sales);
    }
    private String name;

    private double rate;

    private double sales;
    public void PrintSalary() {
        System.out.println(getName()+"\t"+CalculateSalary());
    }

    public double CalculateSalary() {
        return getRate()*getSales();
    }

    public String getName() {
        return name;
    }
    public void setName(String name) {
```

```java
        this.name = name;
    }

    public double getRate() {
        return rate;
    }

    public void setRate(double rate) {
        this.rate = rate;
    }
    public double getSales() {

        return sales;
    }

    public void setSales(double sales) {
        this.sales = sales;
    }
}
//Main.java
import java.util.Scanner;
public class Main {
    public static void main(String[] args) {
        // TODO code application logic here
        Scanner input = new Scanner(System.in);
        String name;
        System.out.println("请输入员工类别：1.固定工资员工 2.小时工  3.佣金员工");
        int choice = input.nextInt();
        input.nextLine();
        switch(choice)
        {
            case 1:
                System.out.println("输入员工的姓名，工资额： ");
                name=input.nextLine();
                double salary=input.nextDouble();
                SalaryEmployee aSEmployee = new SalaryEmployee(name,salary);
                aSEmployee.PrintSalary();
                break;
            case 2:
```

```
            System.out.println("输入员工的姓名，小时数和每小时工资额：");
            name=input.nextLine();
            double hours=input.nextDouble();
            double wage = input.nextDouble();
            HourlyEmployee aHEmployee=new HourlyEmployee(name, hours,wage);
            aHEmployee.PrintSalary();
            break;
        case 3:
            System.out.println("输入员工的姓名，佣金比例和销售额：");
            name=input.nextLine();
            double rate=input.nextDouble();
            double sales = input.nextDouble();
            CommisionEmployee aCEmployee = new CommisionEmployee (name, rate,sales);
             aCEmployee.PrintSalary();
                break;
        default:
            System.out.println("输入错误");
            break;
        }

    }
}
```

3.4 封 装 性

3.4.1 成员的访问权限

在访问对象的方法或成员时，存在一个访问权限的问题，即对象之间和对象内部哪些成员是可以访问的，哪些是不可以访问的。我们在看电视时不可能直接操作电视机内部的电子元件来改变频道和音量，而是通过遥控器或电视机面板上的按钮来要求电视机改变频道和音量。3.3 节中电视类(TV)用 channel 和 volume 两个变量来描述当前的频道和音量，不希望在 TV 类的外部直接改变 channel 和 volume 变量的值，而是通过调用 TV 类的某些方法来改变这两个变量的值，这样可以避免 channel 和 volume 被改变为错误的值。前面例子中通过 incChannel 和 decChannel 方法来改变 channel 的值，可以保证 channel 的值在 0～99 范围内。

Java 语言中，限定成员的访问权限是通过定义变量和方法时加上访问权限修饰符来实现的。表 3.1 是 Java 语言中类的成员的访问范围，其中关键字 friendly 并不出现在程序中，当一个变量或方法定义没有使用访问权限修饰符时，其访问权限即为 friendly。

表 3.1 类的成员的访问范围

访问权限修饰符	类内	子类	包内其他类	其他包内的类
public	√	√	√	√*
private	√			
protected	√	√*	√	
friendly	√	√*	√	

表 3.1 中，√表示允许访问，√*表示访问时有一定的限制条件。包及子类的访问权限本书将在 3.4.2 节和 3.5 节详细介绍，这里首先介绍同一包中没有继承关系的类之间成员访问的权限。

同一包中没有继承关系的类之间成员访问的权限比较简单，类的方法成员可以访问所在类的其他方法成员和变量成员，而类的外部不可以直接访问 private 成员。下面修改一下前面的电视类，将 channel 和 volume 变量限定为只能在类内访问，代码见程序 3.6。

【程序 3.6】 成员访问权限。

```java
//成员访问权限 TV.java
public class TV {

    private int channel = 1;
    private int volume = 5;

    public void incChannel() {
        setChannel((getChannel() + 1) % 100);
    }

    public void decChannel() {
        setChannel(getChannel() - 1);
        if(getChannel()<0)
            setChannel(99);
    }

    public void showChannel() {
        System.out.println("Channel "+getChannel());
    }

    public int getChannel() {
        return channel;
    }

    public void setChannel(int channel) {
```

```
            this.channel = channel;
        }
        public int getVolume() {
            return volume;
        }
        public void setVolume(int volume) {
            if(volume>=0&&volume<=20)
                this.volume = volume;
        }
    }
    //主程序 Main.java
    public class Main {
        public static void main(String[] args) {
            TV aTV=new TV();
            aTV.showChannel();
            aTV.incChannel();
        }
    }
```

如果不将 channel 定义为 private 变量，则在 main 方法中下面的语句是合法的：

```
    aTV.channel=100;
```

这样的语句将导致 aTV 的 channel 变量值不合法。程序 3.6 中将 channel 定义为 private 变量，则上面这条语句在编译阶段即被视为是错误的。

3.4.2 包的使用

Java 程序编译后，每一个类和接口都生成一个独立的 class 文件。对于一个大型程序，由于类和接口的数量很大，如果将它们全放在一起，则往往显得杂乱无章，难于管理。Java 语言提供了一种解决该问题的方法：将类和接口放在不同的包中。

1. 包的概念

一个包由一组类和接口组成，包内还可以有子包，类似于文件系统的目录(文件夹)。实际上，Java 系统就是使用文件夹来存放包的，一个包对应一个文件夹，文件夹下有若干个 class 文件和子文件夹。

当要使用其他包内的类时，可以使用 import 语句引入其他包内的类。本书前面例子中多次出现了 import 语句，例如：

```
    import java.math.*;
```

这里，java 为包名，math 为 java 包内的子包，* 表示该包中的所有类，该语句引入了 java.math 包中的所有类。java 包中的子包 lang 是自动引入的，无需使用 import 语句引入该包，前面提到的 String、Sytem 等类均在该包中定义。

java 包是 Sun 公司使用 Java 语言开发的类的集合，是随 Java 运行系统提供的，Java

语言的很多功能依赖于该包中的类。目前的 Java 虚拟机通常将 java 包以一种压缩文件的形式存储在特定的目录中，运行类库包的根目录可以由环境变量 CLASSPATH 设定。

import 也可以引入特定的类，只要用类名取代上面例子中的 * 即可。例如：

  import java.awt.Graphics;

包的使用可以避免名字冲突，每一个类和接口的名字都包含在某个包中，不同的包中可以有同名的类和接口。

在程序中使用同名类时，可以加上包名以免引起歧义，例如 java.awt.Button 表示 java.awt 包中的 Button 类，此时无需使用 import 语句引入该类。

另外还应注意，使用 import 语句引入某个包中的所有类时并不包括该包的子包中的类。

2. 包的封装作用

Java 语言的包还具有一定的封装作用，可以限定某些类只能被其所在包中的类访问，而不能被包外的其他类访问。正如电视机设计过程中需要用很多集成电路，这些集成电路本身是封装好的模块，外部只能通过其外部的引脚访问，而不能访问其内部，这些集成电路对最终用户来讲也应该是不可见的，它们只能被设计维修人员访问。

Java 语言规定只能使用其他包中公有(public)的类和接口，即在该类定义时，使用了 public 修饰符，例如程序 3.6 的 TV 类。

从表 3.1 中可以看出：使用其他包中的类时，如果类之间没有继承关系，只能访问该类的 public 成员；同一个包中的类除了 private 成员外，其他的成员均可以访问。

3. 包的定义

如果希望将程序中不同的类放在多个不同的包中，可以首先在程序的当前目录中创建相应的子目录，然后将相应的源文件放入对应的文件夹，分别编译，同时应在源文件前面加上相应的包定义语句。

包定义语句的格式为

  package 包名;

注意：该语句必须放在程序源文件的开始，前面不能有注释语句之外的任何语句。程序 3.7 是一个使用包的完整的例子，该程序由两个文件构成，放在不同的包中。

【程序 3.7】 包的定义与使用。

```
//PackageApplet.java
import java.awt.*;
import java.applet.*;
import MyPackage.display.displayclass;  //引入 displayclass 类
public class PackageApplet extends Applet
{
    public void paint(Graphics g)
    {
        Font font = new Font("TimesRoman",Font.PLAIN,24);
        g.setFont(font);
        displayclass myclass = new displayclass();
```

```
        String s=myclass.GetDisplayText();
        g.drawString(s,60,80);
    }
}


// MyPackage\display\displayclass.java
package MyPackage.display;  //包定义语句
public class displayclass
{
    public String GetDisplayText(){
        return "Display Text";
    }
}
```

3.5 继 承 性

3.1.3 节介绍了面向对象方法的重要特性——继承性，利用继承性可以提高代码的可重用性，提高软件开发的生产率。例如员工工资计算程序中无论是固定工资员工还是钟点工和佣金员工，都需要输出其工资信息，利用继承性只需在超类中定义如何输出工资信息即可，而无需针对每种类型的员工分别实现该功能。

3.5.1 子类的定义

Java 语言支持继承机制，在定义类时通过关键字 extends 指定超类的名称即可。子类定义的基本语法形式为

```
    class  子类名  extends  超类名{
        ⋮
    }
```

Java 语言不支持多继承，因此超类名只有一个。子类继承超类的特性，也可以通过定义新的成员修改超类的特性或增加新的特性。例如：

```
class Point{
    private int x=0,y=0;
    public int getX(){return x;}
    public void setX(int x){this.x=x;}
    public int getY(){return y;}
    public void setY(int y){this.y=y;}
}
class ColorPoint extends Point{      //从 Point 派生出 ColorPoint
    private int color=0;             //增加新的变量
```

```
        public int getColor(){return color;}
        public void setColor(int color){this.color=color;}
    }
```

Java 语言在为子类对象分配空间时，不仅为子类中新定义的成员分配空间，同时也为超类中定义的成员(包括 public、protected、private 以及 friendly 成员)分配空间，在一定程度上可以认为一个子类对象内部包含一个超类对象。

Java 语言允许将一个子类对象作为超类对象使用，当需要时可以进行隐含的类型转换。例如将一个方法的形式参数定义为超类对象，在调用时可以将子类对象作为实际参数。

```
        public class Main{
            static void DisplayPoint(Point aPoint){        //形式参数为 Point 类型
                System.out.println("x="+aPoint.getX()+"\ty="+aPoint.getY());
            }
            public static void main(String arg[])
            {
                ColorPoint aPoint = new ColorPoint();
                DisplayPoint(aPoint);                      //实际参数为 ColorPoint 类型
            }
        }
```

Java 语言中的各种类型的对象都可以当作 Object 类的对象使用，Object 类中定义了 Java 语言对象的基本特性，如果在定义一个类时没有用 extends 关键字指定超类，则该类的超类为 Object。

超类中定义的成员根据其权限的不同在子类中的访问权限也不同，从表 3.1 可以看出超类中定义的 private 成员在子类定义的方法成员中是不可访问的，当超类、子类在同一个包中时，超类的 public、protected、friendly 成员可以在子类中访问。如果从其他包内的类派生出子类，则在子类中可以访问超类中的 protected 和 public 成员。

子类在定义新的成员时，允许新成员与超类成员同名。对于同名变量成员，超类中的相应成员被隐藏。对于同名方法成员，如果参数形式相同且返回值类型相同，则超类中的该方法成员被隐藏；如果参数形式不同，则调用时根据实参类型决定调用哪一个方法成员，与类内方法重载相同(见 3.6.1 节)。Java 语言不允许子类与超类方法同名且参数形式相同，但返回值类型不同。

3.5.2　super

如果程序中需要访问被隐藏的同名超类成员，可以使用关键字 super，super 指代当前对象在超类中定义的那一部分。程序 3.8 和 3.9 分别演示了如何访问超类中的同名变量成员和方法成员。

【程序 3.8】 用 super 访问超类同名变量成员。

```
        class Test{
            int i;
```

```
        public Test(){i=10;}
    }
    public class Test1 extends Test
    {
        double i;
        public Test1(){i=12.345678;}
        public void print()
        {
            System.out.println("i of sub class "+i);              //访问子类成员 i
            System.out.println("i of super class "+super.i); //访问超类成员 i
        }
        public static void main (String[] args)
        {
            Test1 t1=new Test1();
            t1.print();
        }
    }
```

【程序 3.9】 用 super 访问超类同名方法成员。

```
    class Test{
        int i;
        public Test(){i=10;}
        public void print()
        {
            System.out.println("i of super class "+i);
        }
    }
    public class Test1 extends Test{
        double i;
        public Test1(){i=12.345678;}
        public void print(){
            System.out.println("i of sub class "+i);
            super.print();       //访问超类中定义的 print 方法
        }
        public static void main (String[] args)
        {
            Test1 t1=new Test1();
            t1.print();
        }
    }
```

3.5.3 子类对象的构造

子类对象在创建时需要调用超类的构造方法来构造超类中定义的那部分成员，如果在子类中不特别声明，则调用超类不带参数的构造方法。

如果超类没有不带参数的构造方法，必须在子类的构造方法中用 super 关键字指定如何调用超类的构造方法。先看下面的程序：

```
class A{
    int a;
    A(int a){
        this.a=a;
    }
}
class B extends A{
    int b;
    B(int b){
        this.b=b;
        System.out.println("Class B");
    }
}
public class Class1
{
    public static void main (String[] args)
    {
        B b=new B(10);
    }
}
```

该程序中类 A 的构造方法带有一个 int 型的参数，类 B 为类 A 的子类。使用 Visual J++ 编译该程序，给出如下的错误信息：

    Class 'A' doesn't have a constructor that matches 'A()'

这个错误信息表明，在构造类 B 对象时试图调用类 A 不带参数的构造方法。程序 3.10 演示了如何使用 super 关键字调用超类的构造方法。

【程序 3.10】 super 关键字的使用。

```
class Point{
    private int x=0,y=0;
    public Point(int x,int y){setX(x);setY(y);}
    public Point(){this(0,0);
    public int getX(){return x;}
    public void setX(int x){this.x=x;}
    public int getY(){return y;}
```

```
        public void setY(int y){this.y=y;}
    }
    class ColorPoint extends Point{        //从 Point 派生出 ColorPoint
        private int color=0;               //增加新的变量
        public ColorPoint(int x,int y,int color)
        {
            super(x,y);         //访问超类构造方法,如无此句,则创建 ColorPoint
                                //对象时访问超类中不带参数的构造方法
            setColor(color);
        }
        public int getColor(){return color;}
        public void setColor(int color){this.color=color;}
    }
```

3.5.4 final 方法与 final 类

通过在子类中定义与超类同名的方法成员,覆盖超类的方法成员,改变了超类原有的特征。有时可能程序员不希望子类修改超类原有的特性,这时可以将对应的方法定义为最终(final)方法,子类不再可以覆盖该方法。例如:

```
    class A{
        final void Method1(){System.out.println("This is a final method");}
    }
```

当从类 A 派生子类时,子类不可以定义与 Method1 形式相同的方法。

关键字 final 也可以用来修饰类的定义,将一个类定义为最终类,则不再可以从该类派生出子类。final 类的基本语法形式为

```
    final class  类名{
        …//成员定义
    }
```

3.5.5 改进的案例

从程序 3.5 案例的初步实现可以看出,SalaryEmployee、HourlyEmployee 和 Commision-Employee 三个类既有不同的特性,也有相同的特性,可以将这些相同的特性提取出来定义一个超类 Employee。程序 3.11 给出了改进后的实现。

【程序 3.11】 本章案例的改进实现。

```
    // Employee.java
    public class Employee {
        public Employee(String name) {
            setName(name);
        }
```

```java
    public double CalculateSalary() {
        return 0.0;
    }
    public void PrintSalary() {
        System.out.println(getName()+"\t"+CalculateSalary());
    }
    public String getName() {
        return name;
    }
    public void setName(String name) {
        this.name = name;
    }
    String name;
}
// SalaryEmployee.java
public class SalaryEmployee extends Employee{
    private double salary;
    public SalaryEmployee(String name, double salary) {
        super(name);
        this.setSalary(salary);
    }
    public double CalculateSalary() {
        return getSalary();
    }
    public double getSalary() {
        return salary;
    }
    public void setSalary(double salary) {
        this.salary = salary;
    }
}
// HourlyEmployee.java
public class HourlyEmployee extends Employee{
    public HourlyEmployee(String name,double hours,double wage) {
        super(name);
        this.setHours(hours);
        this.setWage(wage);
    }
    private double hours;         //小时数
```

```java
        private double wage;          //每小时工资额
        public double CalculateSalary() {
            return getHours()*getWage();
        }
        public double getHours() {
            return hours;
        }
        public void setHours(double hours) {
            this.hours = hours;
        }
        public double getWage() {
            return wage;
        }
        public void setWage(double wage) {
            this.wage = wage;
        }
    }
    // CommisionEmployee.java
    public class CommisionEmployee extends Employee {
        public CommisionEmployee(String name,double rate,double sales) {
            super(name);
            this.setRate(rate);
            this.setSales(sales);
        }
        private double rate;
        private double sales;
        public double CalculateSalary() {
            return getRate()*getSales();
        }
        public double getRate() {
            return rate;
        }
        public void setRate(double rate) {
            this.rate = rate;
        }
        public double getSales() {
            return sales;
        }
        public void setSales(double sales) {
```

```java
            this.sales = sales;
        }
    }
//Main.java
import java.util.Scanner;
public class Main {
    public static void main(String[] args) {
        // TODO code application logic here
        Scanner input = new Scanner(System.in);
        String name;
        Employee aEmployee;
        System.out.println("请输入员工类别：1.固定工资员工  2.小时工  3.佣金员工");
        int choice = input.nextInt();
        input.nextLine();
        switch(choice)
        {   case 1:
                System.out.println("输入员工的姓名，工资额：");
                name=input.nextLine();
                double salary=input.nextDouble();
                aEmployee = new SalaryEmployee(name,salary);
                aEmployee.PrintSalary();
                break;
            case 2:
                System.out.println("输入员工的姓名，小时数和每小时工资额：");
                name=input.nextLine();
                double hours=input.nextDouble();
                double wage = input.nextDouble();
                aEmployee = new HourlyEmployee(name,hours,wage);
                aEmployee.PrintSalary();
                break;
            case 3:
                System.out.println("输入员工的姓名，佣金比例和销售额：");
                name=input.nextLine();
                double rate=input.nextDouble();
                double sales = input.nextDouble();
                aEmployee = new CommisionEmployee(name,rate,sales);
                aEmployee.PrintSalary();
                break;
            default:
```

```
                System.out.println("输入错误");
                break;
        }
    }
}
```

3.6 多 态 性

3.6.1 类内方法的重载

Java 语言允许一个类有多个同名的方法成员，这些同名的方法成员具有不同形式的参数，在调用时只需带入不同的实参，Java 编译器就可以根据实参的类型确定调用哪一个方法成员。3.3.2 节中的一个类有多个构造方法实际上就是重载。

类内方法重载的一个最常见的例子就是前面使用的 System.in.println 方法，在前面的程序中用它来输出整型数据、实型数据、字符串等。下面是重载的 println 方法的类型：

public void println()
public void println(boolean x)
public void println(char x)
public void println(int x)
public void println(long x)
public void println(float x)
public void println(double x)
public void println(char x[])
public void println(String x)
public void println(Object x)

方法重载为程序调用带来了方便，用户无需为不同类型的数据选择输出方式，只需使用同一个方法即可实现不同类型数据的输出。

Java 编译器对重载方法匹配时，首先根据实参类型寻找形参类型与其完全匹配的方法，如果找不到，则按以下原则对实参作类型转换：

(1) 对于简单类型，按照 byte、short、int、long、float、double 的顺序进行转换；

(2) 如果实参为布尔型，则不进行转换；

(3) 如果实参为复合数据类型，则可以将子类对象转换为超类对象。

如果按以上原则对实参进行类型转换仍然找不到匹配的重载方法，则认为是错误的。

程序 3.12 演示了方法重载中参数匹配的方法，OverLoad 类有两个同名的方法成员 max，main 方法中多次调用 max。第一次调用两个实参为 int 类型，匹配第一个 max 方法；第二次调用两个实参为 double 类型，匹配第二个 max 方法；最后一次调用，第一个实参为 int 类型，第二个实参为 double 类型，没有参数类型完全匹配的 max 方法，Java 编译器将第一个实参转换为 double 类型后与第二个 max 方法匹配。

【程序 3.12】 类内方法的重载。

```java
//类内方法重载演示  OverLoad.java
public class OverLoad
{
    int ix,iy;
    double dx,dy;
    OverLoad(int ix,int iy,double dx,double dy)
    {
        this.ix=ix;
        this.iy=iy;
        this.dx=dx;
        this.dy=dy;
    }
    int max(int a,int b)
    {
        if(a>b)
            return a;
        else
            return b;
    }
    double max(double a,double b)
    {
        if(a>b)
            return a;
        else
            return b;
    }
    public static void main (String[] args)
    {
        OverLoad obj=new OverLoad(3,4,5.0,6.0);
        System.out.println("the max integer is "+obj.max(obj.ix,obj.iy));
        System.out.println("the max double is "+obj.max(obj.dx,obj.dy));
        System.out.println("The max is "+obj.max(obj.max(obj.ix,obj.iy),obj.max(obj.dx,obj.dy)));
    }
}
```

程序的运行结果为

the max integer is 4

the max double is 6.0

The max is 6.0

使用方法重载时,还应注意:
(1) Java 编译器对实参类型转换时,应注意避免二义性。例如下面的程序片段:

```
class A{
    void m(int a,double b)
    {
        ⋮
    }
    void m(double a,int b)
    {
        ⋮
    }
    public static void main (String[] args)
    {
        A obj=new A();
        obj.m(2,3);
    }
}
```

类 A 定义了两个同名方法 m,在 main 方法中调用时两个实参为 int 类型,由于没有参数类型完全匹配的重载方法,因此 Java 编译器尝试对实参类型进行转换,这时有两种转换途径:将第一个实参转换为 double 类型与第二个 m 匹配,或者将第二个参数转换为 double 类型与第一个 m 匹配。如果出现 Java 编译器无法确定选择哪一种转换途径的情况,则是不允许的。

(2) 类内方法重载时,不允许参数表完全一致,而只是返回值的类型不同。例如:

```
class A{
    void m(int a,int b)
    {
        ⋮
    }
    int m(int a,int b)
    {
        ⋮
    }
}
```

由于编译器根据参数类型判断应调用哪一个方法,上面程序段中两个同名方法 m 参数类型、个数、顺序完全一致,调用时无法根据实参表进行匹配,因此这种情况也是不允许的。

3.6.2 类继承中的多态性

观察一下程序 3.11 改进的案例实现中的以下语句:

```
    aEmployee.PrintSalary();
```
该语句调用 Employee 类中的 PrintSalary 方法，PrintSalary 方法调用 CalculateSalary 方法。CalculateSalary 方法在 Employee 类中的定义如下：
```
    public double CalculateSalary()
    {
        return 0.0;
    }
```
该方法的返回值总是 0.0，实际运行一下程序 3.11 可以发现，输出的值并不是 0.0，而是根据用户输入的员工类型和工资信息计算后得到的值。也就是说，实际被调用的并不是 Employee 类中定义的 CalculateSalary 方法，而是在其派生类 SalaryEmployee、HourlyEmployee 和 CommisionEmployee 中重新定义的 CalculateSalary 方法。

这里 aEmployee 定义为 Employee 类型对象的引用，实际代表的可以是 Employee 任意一个子类的对象，当该对象调用 Employee 类的某个方法时，如果子类中有同名形式相同的方法，则实际调用子类中定义的方法。这就是类继承中的多态性，子类方法取代了超类方法，也称为覆盖。

与类内方法的重载不同的是，类继承中的多态性只能在运行阶段才能决定调用超类还是子类中的方法。如果对象为超类对象，则调用超类中的方法；如果对象为子类对象，则调用子类中的方法，这通常称为动态多态性。类内方法的重载在编译阶段即可确定调用哪一个方法，这称为静态多态性。

对程序 3.11 中 Employee 类的 CalculateSalary 方法，很显然并不会真正调用到，因为任何一个员工只能是固定工资员工、小时工和佣金员工中的一种，Employee 类只是表示一个抽象的员工概念，实际的 Employee 类的对象肯定是 SalaryEmployee、HourlyEmployee 和 CommisionEmployee 中的一种，调用 CalculateSalary 方法也只能是执行这三个派生类中定义的方法体，Employee 类的 CalculateSalary 方法体已没有实际的意义。针对这种情况，Java 语言引入了抽象类和抽象方法，用于表示抽象的概念。对于 Employee 类可按以下方法定义：
```
    abstract public class Employee
    {
        abstract public double CalculateSalary();
        …      //其余方法和变量同程序 3.11 中的定义，这里省略
    }
```
第一个 abstract 表示定义一个抽象类，第二个 abstract 表示 CalculateSalary 方法为抽象方法。如果一个类包含有抽象方法，则该类必须声明为抽象类。

抽象方法在定义时无需给出方法体，只要给出方法的返回值类型和形式参数表就可以了。程序中不可创建抽象类对象，必须从抽象类派生出子类，在子类中实现所有抽象的方法后才可以创建子类的对象。如果子类没有实现超类中所有的抽象方法，则子类也必须定义为抽象类。

定义抽象类的目的主要是为了表达一个抽象的概念，体现若干类之间的联系，这是 Java 语言多态性的一个重要表现。程序 3.13 要求输出多种规则图形的面积，对不同的图形计算面积的公式是不同的。程序中为不同的图形类定义一个共同的超类 Graph，将求面积的方

法定义为抽象方法，然后在子类中分别给出具体的求面积的方法。值得一提的是，程序中并没有为每一种图形分别定义输出面积的方法，只是在 Graph 类中定义了输出面积的方法。可以看出，继承性和多态性减小了程序的代码量。

【程序 3.13】 求多种规则图形的面积。

```
abstract class Graph
{
    protected double x,y;         //表示图形位置的坐标
    public Graph(double x,double y){this.x=x;this.y=y;}
    protected void changeX(double x){this.x=x;}
    protected void changeY(double y){this.y=y;}
    public abstract double area();
    public void PrintArea(){System.out.println("The area is "+area());}
}
class MySquare extends Graph{
    private double length;
    public MySquare(double x,double y,double length)
    {
        super(x,y);
        this.length=length;
    }
    protected void changelength(double length){this.length=length;}
    public double area(){return length*length;}
}
class MyCircle extends Graph{
    private double radius;
    public MyCircle(double x,double y,double radius)
    {
        super(x,y);
        this.radius=radius;
    }
    protected void changeradius(double radius){this.radius =radius;}
    public double area(){return 3.14159*radius*radius;}
}
class MyRectangle extends Graph{
    private double a,b;
    public MyRectangle(double x,double y,double a,double b)
    {
        super(x,y);
        this.a=a;
```

```java
        this.b=b;
    }
    protected void changelength(double length){a=length;}
    protected void changewidth(double width){b=width;}
    public double area(){return a*b;}
}
class MyEllipse extends Graph{
    private double a,b;
    public MyEllipse(double x,double y,double a,double b)
    {
        super(x,y);
        this.a=a;
        this.b=b;
    }
    protected void changeA(double a){this.a=a;}
    protected void changeB(double b){this.b=b;}
    public double area(){return 3.14159*a*b;}
}

public class area
{
    public static void main (String[] args)
    {
        MyCircle c1,c2;
        c1=new MyCircle(1,1,3);
        c2=new MyCircle(3,3,5);
        MySquare s1,s2;
        s1=new MySquare(2,2,4);
        s2=new MySquare(4,4,9);
        MyRectangle r=new MyRectangle(12,9,1,0.5);
        MyEllipse e=new MyEllipse(2,-1,3,1.9);
        c1.PrintArea();
        c2.PrintArea();
        s1.PrintArea();
        s2.PrintArea();
        r.PrintArea();
        e.PrintArea();
    }
}
```

3.6.3 接口

1. 接口的定义

Java 语言不支持多继承，但通过接口可以实现部分多继承的功能。接口与抽象类相似，也表达一个抽象的概念。接口中只能定义抽象方法和常量。接口用关键字 interface 来定义，它的基本语法形式为

```
interface 接口名 {
    …            //成员定义
}
```

接口中的所有方法都是抽象的，不可以使用 abstract。下面是一个简单的例子：

```
interface Printable {
    public void Print();
}
```

接口中的变量都是常量，无需使用 final 声明，但必须对其进行初始化。例如：

```
class mathConst{
    double PI=3.14159;
}
```

如果需要使用这里的常量 PI，可用表达式 mathConst.PI 引用。

2．接口的实现

接口的实现与继承类似，不过接口实现时使用的关键字是 implements，而不是 extends。例如：

```
class IntClass implements Printable{
    int a;
    IntClass(int a){this.a=a;}
    public void Print(){System.out.println(a);}
}
```

该类实现了上面定义的 Printable 接口。

当类实现特定接口时，必须定义该接口定义的所有抽象方法，然后可以在该类的任何对象上调用接口的方法。与抽象类相似，允许使用接口名作为复合变量的类型，在运行时根据对象的实际类型决定调用哪个类中定义的方法，这个过程通常称为动态联编。例如：

```
Printable obj=new IntClass(10);
obj.Print();
```

可以用 instanceof 运算符来判断某对象的类是否实现了特定的接口。

一个类可以实现多个接口，多个接口名在 implements 后面一一列出，以逗号分隔。例如：

```
public class MyApplet extends Applet implements Runnable, MouseListener{
    ⋮
}
```

这里出现的 Runnable、MouseListener 接口将在第 4 章中介绍。

3．接口的派生

定义接口时也可以从已有的接口中派生，新的接口包含了原来接口的所有成员。例如：

```
interface PrintName extends Printable{
    public String ClassName();
}
```

PrintName 接口从 Printable 接口派生而来，实现该接口时必须实现 Print 方法和 ClassName 方法。例如：

```
class IntClass implements PrintName{
    int a;
    IntClass(int a){this.a=a;}
    public void Print(){System.out.println(a);}
    public String ClassName(){return "IntClass";};
}
```

4．程序举例

下面看一个完整的例子，演示了如何定义接口、实现接口和使用接口定义的方法。

【程序 3.14】 接口的使用。

```
interface Shape{
    double pi=3.14159;
    public double area();
}
class Circle implements Shape{
    double Radius;
    Circle(double r){Radius=r;}
    public double area(){return pi*Radius*Radius;}
}
public class ch3_19 {
    public static void main(String argv[])
    {
        Shape s=new Circle(2.0);
        System.out.println("Area is "+s.area());
    }
}
```

3.6.4 案例的进一步改进

引入多态性和抽象类后，对于案例程序 3.11 的 Employee 类和 main 方法可以做进一步的改进。下面给出改进后的 Employee 类和 main 方法，程序的其他部分与程序 3.11 的相同，这里不再给出。

【程序 3.15】 本章案例的进一步改进。

```java
// Employee.java
abstract public class Employee {
    public Employee(String name) {
        setName(name);
    }
    abstract public double CalculateSalary() ;
    public void PrintSalary() {
        System.out.println(getName()+"\t"+CalculateSalary());
    }
    public String getName() {
        return name;
    }
    public void setName(String name) {
        this.name = name;
    }
    String name;
}
//Main.java
import java.util.Scanner;
public class Main {
    public static void main(String[] args) {
        // TODO code application logic here
        Scanner input = new Scanner(System.in);
        String name;
        Employee aEmployee;
        System.out.println("请输入员工类别：1.固定工资员工 2.小时工 3.佣金员工");
        int choice = input.nextInt();
        input.nextLine();
        switch(choice)
        {
            case 1:
                System.out.println("输入员工的姓名，工资额：");
                name=input.nextLine();
                double salary=input.nextDouble();
                aEmployee = new SalaryEmployee(name,salary);
                break;
            case 2:
```

```
                System.out.println("输入员工的姓名，小时数和每小时工资额：");
                name=input.nextLine();
                double hours=input.nextDouble();
                double wage = input.nextDouble();
                aEmployee = new HourlyEmployee(name,hours,wage);
                break;
            case 3:
                System.out.println("输入员工的姓名，佣金比例和销售额：");
                name=input.nextLine();
                double rate=input.nextDouble();
                double sales = input.nextDouble();
                aEmployee = new CommisionEmployee(name,rate,sales);
                break;
            default:
                System.out.println("输入错误");
                return;
        }
        aEmployee.PrintSalary();
    }
}
```

3.7 静态成员

从前面的介绍中可以知道，对象创建之后，Java 程序通过对象调用方法成员，在方法中使用变量成员名访问当前对象的成员。不过，在前面的例子中有一个例外的情况，就是 main 方法，它是程序执行的入口点，Java 程序开始执行时，并没有创建它所在类的对象。

main 方法与其他方法的不同之处在于定义时前面有修饰符 static，它是一个静态方法。Java 语言允许用 static 修饰符定义静态的变量成员和方法成员。

3.7.1 静态变量成员

静态的变量成员通常称为类变量，而非静态的变量成员称为实例变量。Java 语言在创建对象时不为静态变量成员分配空间，而只为非静态变量成员分配空间。因此，静态变量成员不依赖某一个具体的对象，即使没有创建一个它所属类的对象，它也是存在的，只要该类的代码装入，则该静态变量就是存在的，就可以使用。

因为静态变量成员不依赖于具体的对象，所以在访问时可以不像非静态变量成员那样通过对象访问。静态变量成员的访问方法为

　　类名.静态变量成员名

Java 程序中的变量通常是该类对象需要共享的成员，程序 3.16 的 MyClass 类中定义了

一个静态的变量成员 count，用于统计该类对象的数目。MyClass 类装入时，count 成员初始化为 0，以后每创建一个 MyClass 对象(注意：不再为 count 成员分配空间，也不再初始化)都调用构造方法，将 count 的值加 1。如果将该变量成员定义为非静态的，则每创建一个该类对象，都有属于该对象的 count 成员，相互之间没有关系，无法实现对象的计数功能。

【程序 3.16】 对象计数器。

```java
//静态变量的作用 NumberOfClass.java
class MyClass{
    static int count=0;
    public MyClass(){count++;}
    public void output()
    {
        System.out.println("You have got "+count+" objects of MyClass");
    }
}
public class NumberOfClass
{
    public static void main (String[] args)
    {
        MyClass c1,c2,c3,c4;
        c1=new MyClass();
        c1.output();
        c2=new MyClass();
        c2.output();
        c3=new MyClass();
        c3.output();
        c4=new MyClass();
        c4.output();
    }
}
```

程序的运行结果为

You have got 1 objects of MyClass
You have got 2 objects of MyClass
You have got 3 objects of MyClass
You have got 4 objects of MyClass

前面的例子中多次使用 System.out.println 方法来输出数据，其中 System 为 Java 系统预定义的类，out 为 System 类的静态变量成员。程序中使用它向标准输出设备输出数据，无需创建 System 类对象即可直接使用。

Java 语言中的 static 经常与 final 一起使用，定义一些需要共享的常量。例如，在计算圆的面积、周长以及球的体积时都会使用到圆周率，如果将其说明为非静态的变量成员，则在使用前都必须创建该常量定义所在类的对象，显然很不方便，同时也浪费存储空间。程序 3.17 输出 Java 语言中类 Integer 中定义的静态常量 MAX_VALUE、MIN_VALUE 的值。

【程序 3.17】 静态变量的使用。

```
//静态变量的使用
public class Class1
{   public static void main (String[] args)
    {
        System.out.println("The maximum integer is "+Integer.MAX_VALUE );
        System.out.println("The minimum integer is "+Integer.MIN_VALUE );
    }
}
```

3.7.2 静态方法成员

静态方法与静态变量类似，不依赖于具体的对象，在调用时直接通过类名来调用，静态方法成员的访问方法为

类名.静态方法名([方法的参数表])

正如前面所说，main 方法不依赖于任何对象直接被调用，因此必须将其定义为静态方法。

静态方法在调用时不通过对象调用，因此在定义静态方法时，在方法体中不能使用 this，因为对静态方法来说，不存在当前对象，同样也不能直接访问所在类的非静态变量成员和方法成员。

【程序 3.18】 静态方法的使用。

```java
// StaticMethod.java
import java.math.*;
public class StaticMethod
{
    double Radius;
    StaticMethod(double r)
    {
        Radius=r;
    }
    static double CircleArea(double r)
    {
        return Math.PI*r*r;
    }
    double Area()
    {
        return Math.PI*Radius*Radius;
    }
```

```
        public static void main (String[] args)
        {
            System.out.println("Area="+CircleArea(2.0));     //直接访问静态方法成员
            StaticMethod obj=new StaticMethod(2.0);
            System.out.println("Area="+obj.Area());          //通过对象访问非静态方法成员
        }
    }
```

Java 语言通常将一些公用的方法定义为静态方法，例如求数学函数的值，它们不依赖于具体的对象，如果定义为非静态的成员，则需要创建一个对象后才能访问。Java API 提供的 Math 类封装了常用的数学函数和数学常量，在编程时只要引入该类就可以直接使用，程序 2.12 中求平方根就使用了 Math.sqrt 方法。

3.8 字 符 串

Java 语言定义了专门的字符串类型 String，它是一种复合类型，一个字符串变量就是一个 String 类的对象。本书第 2 章对字符串常量作了简单介绍，实际上 Java 语言会为每个字符串常量创建一个 String 类对象。

3.8.1 创建 String 类对象

String 类对象的创建与其他类型对象创建的方法是相同的，例如：
   String str=new String("This is a string");
String 类的构造方法有多个，常用的形式有：
   public String()
   public String(String value)
   public String(char value[])
由于字符串类型在程序设计中经常会用到，因此 Java 语言提供了一种简便的方法来初始化 String 对象。例如：
   String str="This is a string";
另外，在程序中大部分需要使用 String 类对象的地方可以直接使用字符串常量。例如：
   System.out.println("This is a string");
这里，Java 语言用字符串常量 "This is a string" 构造一个 String 类对象，然后将该对象作为实参传递给 println 方法。

3.8.2 获取字符串的信息

创建了 String 对象后，就可以通过调用 String 类的方法成员来对字符串进行各种操作或者获取有关字符串的信息。例如，通过调用 length 方法可以获得字符串的长度：
   String str="A String Object";
   int len=str.length();

startsWith 方法可以判断一个字符串的前缀是否为指定的字符串：
　　String str="Java String";
　　boolean result=str.startsWith("Java");　　// result=true
endsWith 用于确定字符串是否以给定的字符串结尾：
　　String str="This is a string";
　　boolean result=str.endsWith("String");　　// result=false
　　boolean result=str.endsWith("string");　　// result=true
如果需要比较两个字符串的值是否相等，可以使用 equals 方法，也可以直接使用关系运算符"=="。例如：
　　String firstName="Nancy";
　　if(firstName.equals("Nancy")){
　　　　...　　//如果条件满足，则执行此程序段
　　}
equals 方法区分大小写，如果不区分大小写比较两个字符串是否相等，可以使用 equalsIgnoreCase 方法。

3.8.3　字符串的操作

String 类还提供了一些用于从字符串中抽取字符串的某些部分的方法，例如抽取一个字符或一个子串，下面介绍一些常用的方法。

charAt 用于抽取指定位置的字符，例如：
　　String str="Java string";
　　char c=str.charAt(3);　　// c='a'
该方法的参数为希望抽取的字符所在的位置，这里的位置是从 0 开始计数的。

subString 用于提取字符串中从某个位置开始的若干个字符，例如：
　　String str="Tom and Jerry";
　　String str1=str.subString(4);　　// str1="and Jerry"
　　String str2=str.subString(4,7);　　// str2="and"

对字符串的操作(如合并字符串、替换字符)，String 类也提供了一些方法。例如，replace 方法可以将字符串中的一个字符替换为另一个字符，concat 方法可以合并两个字符串。

replace 方法有两个字符类型的参数，第一个为原来的字符，第二个为替换用的字符。例如：
　　String str="java";
　　String str1=str.replace('a', 'A');　　// str1="jAvA";
concat 方法有一个参数，为需要合并的字符串。例如：
　　String str="First";
　　String str1=str.concat("Program");　　// str1="First Program"

需要注意的是：String 类对象创建后，字符串的值是不能改变的，replace、concat 方法并不改变原来字符串的值，而是创建了一个新的 String 类对象作为返回值。如果希望字符串在创建后值可以改变，应使用 StringBuffer 类。

Java 语言中还可以直接使用"+"运算连接两个字符串,例如:
   String str="First";
   String str1=str+"Program";   // str1="First Program"

Java 语言还可以将一个字符串与其他类型的数据进行加法运算,例如程序 2.11 中的语句:

   System.out.println("sum is"+sum);

【程序 3.19】 String 类的使用。

```
//StringClass.java
public class StringClass
{
   String myString="1";
   public static void main (String[] args)
   {
      StringClass myObj = new StringClass();
      myObj.stringModifier(myObj.myString);
      System.out.println(" "+myObj.myString);
   }
   void stringModifier(String theString)
   {
      theString = theString+"2";
      System.out.print(theString);
   }
}
```

程序的运行结果为
   12 1

3.8.4　StringBuffer 类

String 类是字符串常量,对象创建后它的值不可更改。而 StringBuffer 类是字符串变量,它的值是可以扩充和修改的。StringBuffer 类的构造方法主要有以下几种形式:

● public StringBuffer()——创建一个空的 StringBuffer 类的对象。
● public StringBuffer(int length)——创建一个长度为参数 length 的 StringBuffer 类的对象。
● public StringBuffer(String str)——用一个已存在的字符串常量来创建 StringBuffer 类的对象。

StringBuffer 类的主要方法有:

● public String toString()——转换为 String 类对象,并返回。由于很多类的方法需要 String 类的对象,如 Graphics 类的 drawString 方法经常要将 StringBuffer 类的对象转换为 String 类的对象。

● public StringBuffer append(boolean b);

- public StringBuffer append(char c);
- public StringBuffer append(int i);
- public StringBuffer append(long l);
- public StringBuffer append(float f);
- public StringBuffer append(double d)。

以上六种方法可分别将 boolean、char、int、long、float 和 double 6 种类型的变量追加到 StringBuffer 类的对象的后面。例如：

  double d=123.4567;
  StringBuffer sb=new StringBuffer();
  sb.append(true);
  sb.append('c').append(d).append(99); //sb 的值为 truec123.456799

- public StringBuffer append(String str)——将字符串常量 str 追加到 StringBuffer 类的对象的后面。
- public StringBuffer append(char str[])——将字符数组 str 追加到 StringBuffer 类的对象的后面。
- public StringBuffer append(char str[], int offset, int len)——将字符数组 str 从第 offset 个开始取 len 个字符，追加到 StringBuffer 类的对象的后面。
- public StringBuffer insert(int offset, boolean b);
- public StringBuffer insert(int offset, char c);
- public StringBuffer insert(int offset, int i);
- public StringBuffer insert(int offset, long l);
- public StringBuffer insert(int offset, float f);
- public StringBuffer insert(int offset, double d);
- public StringBuffer insert(int offset, String str);
- public StringBuffer insert(int offset, char str[])。

以上 8 种方法分别将 boolean、char、int、long、float、double 类型的变量及 String 类的对象或字符数组插入到 StringBuffer 类的对象中的第 offset 个位置。例如：

  StringBuffer sb=new StringBuffer("abfg");
  sb.insert(2,"cde"); //sb 的值为 abcdefg

- public int length()——返回字符串变量的长度，用法与 String 类的 length 方法类似。

3.9 数 组

  到目前为止，案例员工工资程序只处理了一个员工的工资信息，只定义了一个 Employee 对象。如果要输入多个员工的工资信息然后统一输出，则必须采用数组才能较好地解决问题。
  数组是一组类型相同的有序数据，数组中的每个元素具有相同的数组名，通过下标来唯一地确定数组中的元素。Java 语言中的数组是一个可以动态创建的对象，可以使用一维数组或多维数组。

3.9.1 一维数组

1. 一维数组的定义

一维数组的定义形式为

  type arrayName[];

其中，类型 type 可以为 Java 中任意的数据类型，包括简单类型和复合类型；数组名 arrayName 为一个合法的标识符，[] 指明该变量是一个数组类型变量，可以写在数组名后，也可以写在数组名前。例如：

  int []intArray;

以上语句声明了一个整型数组，数组中的每个元素为整型数据。与 C/C++ 不同，Java 在数组的定义中并不为数组元素分配内存，因此[]中不用指出数组中元素的个数（即数组长度），而且对于以上定义的一个数组是不能访问它的任何元素的。数组定义后还必须使用运算符 new 为它分配内存空间，其格式如下：

  arrayName=new type[arraySize];

其中，arraySize 指明数组的长度，为 int 类型常量或表达式。例如：

  intArray=new int[3];

为一个整型数组分配 3 个 int 型整数所占据的内存空间。这两个部分也可以合在一起，定义数组时直接为其分配空间，格式如下：

  type arrayName = new type[arraySize];

例如：

  int intArray[]=new int[3];

2. 引用数组元素

定义并为数组分配了内存空间后，就可以引用数组中的每一个元素了。数组元素的引用方式为

  arrayName[index]

其中，index 为数组下标，它可以为 int 类型常量或表达式。如 a[3]、b[i](i 为整型)、c[6*i]等。

Java 语言数组的下标从 0 开始，一直到数组的长度减 1，数组的长度可以通过属性 length 获得。对于上面例子中的 intArray 数来说，它有 3 个元素，分别为 intArray[0]、intArray[1] 和 intArray[2]。

Java 程序在运行过程中会对数组元素进行越界检查以保证安全性。如果访问数组元素时下标越界，将引发一个异常(有关异常的处理，参考本书第 6 章)。

【程序 3.20】 数组的使用。

```
//ArrayTest.java
public class ArrayTest{
    public static void main(String args[]){
        int i;
        int a[]=new int[5];
        for(i=0;i<5;i++)
```

```
        a[i]=i;
    System.out.println("数组长度为: "+a.length);
    for(i=0;i<=a.length;i++)
        System.out.println("a["+i+"]="+a[i]);
    }
}
```

执行程序 3.20,首先输出以下结果:

数组长度为:5
a[0]=0
a[1]=1
a[2]=2
a[3]=3
a[4]=4

然后显示 "Exception in thread "main" java.lang.ArrayIndexOutOfBoundsException: 5",因为程序中访问了 a[5],已越界,因此产生错误。

【程序 3.21】 用数组计算 Fibonacci 数列。

```
// Fibonacci.java
public class Fibonacci{
    public static void main(String args[]){
        int i;
        int f[]=new int[10];
        f[0]=f[1]=1;
        for(i=2;i<10;i++)
            f[i]=f[i-1]+f[i-2];
        for(i=1;i<=10;i++)
            System.out.println("F["+i+"]="+f[i-1]);
    }
}
```

3. 数组的初始化

对数组元素可以按照上述例子进行赋值,也可以在定义数组的同时对其进行初始化。例如:

```
int a[]={1,2,3,4,5};
```

用逗号(,)分隔数组的各个元素,系统自动为数组分配一定空间,无需再使用 new 分配空间。

【程序 3.22】 冒泡法排序。

对给定数组的元素从小到大排列,采用冒泡法排序,相邻的两个元素进行比较,并把小的元素交换到前面。

```
// BubbleSort.java
public class BubbleSort{
    public static void main(String args[]){
```

```
            int i,j;
            int intArray[]={20,1,-11,80,25};
            int l=intArray.length;
            for(i=0;i<l-1;i++)
                for(j=0;j<l-i-1;j++)
                    if(intArray[j]>intArray[j+1]){
                        int t=intArray[j];
                        intArray[j]=intArray[j+1];
                        intArray[j+1]=t;
                    }
                for(i=0;i<l;i++)
                    System.out.println(intArray[i]+"");
        }
    }
```

程序的运行结果为

-11
1
20
25
80

3.9.2 多维数组

Java 语言支持多维数组,例如可以用二维数组存储数学中的一个矩阵,然后按照行列序号访问矩阵的元素。

Java 语言将多维数组看做数组的数组。例如,二维数组可以看成一个特殊的一维数组,其中的每个元素又是一个一维数组。下面简单介绍二维数组的使用。

二维数组的定义方式为

  type arrayName[][];

例如:

  int intArray[][];

与一维数组类似,二维数组使用运算符 new 来分配内存后,才可以访问每个元素。二维数组分配内存空间可采用下面两种方法:

(1) 直接为每一维分配空间。例如:

  int a[][]=new int[2][3];

(2) 从最高维开始,分别为每一维分配空间。例如:

  int a[][]=new int[2][];
  a[0]=new int[3];
  a[1]=new int[4];

这里，二维数组 a 的第 0 行有 3 个元素，第 1 行有 4 个元素。这一点与 C/C++ 是不同的，在 C/C++ 中必须一次指明每一维的长度，而且二维数组每一行的长度必须是相等的。

对二维数组中的每个元素，引用方式为：

arrayName[index1][index2]

其中 index1、index2 为下标，可为 int 型常量或表达式，如 a[2][3]。同样，每一维的下标都从 0 开始。

二维数组也可以在定义时初始化，例如：

int a[][]={{1,2},{3,4},{5,6}};

定义了一个 3×2 的数组，并对每个元素赋值。程序 3.23 用二维数组实现矩阵相乘。

【程序 3.23】 矩阵相乘。

两个矩阵 $A_{m \times n}$、$B_{n \times l}$ 相乘得到 $C_{m \times l}$，每个元素 $C_{ij} = \sum_{k=1}^{n} a_{ik} \times b_{kj}$。

```java
//矩阵相乘  MatrixMul.java
public class MatrixMul{
    public static void main(String args[]){
        int i,j,k;
        int a[][]=new int[2][3];
        int b[][]={{1,2,3,4},{5,6,7,8},{9,10,11,12}};
        int c[][]=new int[2][4];
        for(i=0;i<2;i++)
            for(j=0;j<3;j++)
                a[i][j]=(i+1)*(j+1);
        for(i=0;i<2;i++){
            for(j=0;j<4;j++){
                c[i][j]=0;
                for(k=0;k<3;k++)
                    c[i][j]+=a[i][k]*b[k][j];
            }
        }
        System.out.println("***Matrix A***");
        for(i=0;i<2;i++){
            for(j=0;j<3;j++)
                System.out.print(a[i][j]+" ");
            System.out.println();
        }
        System.out.println("\n***Matrix   B***");
        for(i=0;i<3;i++){
            for(j=0;j<4;j++)
```

```
                System.out.print(b[i][j]+" ");
            System.out.println();
        }
        System.out.println("\n***Matrix C***");
        for(i=0;i<2;i++){
            for(j=0;j<4;j++)
                System.out.print(c[i][j]+" ");
            System.out.println();
        }
    }
}
```

程序的运行结果为

Matrix A

1 2 3

2 4 6

Matrix B

1 2 3 4

5 6 7 8

9 10 11 12

Matrix C

38 44 50 56

76 88 100 112

3.9.3 案例的完整实现

下面给出完整实现本章案例要求功能的 Java 代码，Employee 类及其三个派生类的代码这里不再给出。

【程序 3.24】 本章案例的完整实现。

```java
// Main.java
import java.util.Scanner;
public class Main {
    public static void main(String[] args) {
        Scanner input = new Scanner(System.in);
        String name;
        Employee []aEmployee;
        System.out.println("输入员工人数:");
        int employeeCount=input.nextInt();
```

```java
        aEmployee = new Employee[employeeCount];
        for(int i=0;i<employeeCount;i++){
            System.out.println("请输入员工类别：1.固定工资员工 2.小时工 3.佣金员工");
            int choice;
            do{
                choice = input.nextInt();
                input.nextLine();
                if(choice<=0||choice>3)
                    System.out.println("选择错误，请重新输入");
            }while(choice<=0||choice>3);

            switch(choice)
            {
              case 1:
                    System.out.println("输入员工的姓名，工资额:");
                    name=input.nextLine();
                    double salary=input.nextDouble();
                    aEmployee[i] = new SalaryEmployee(name,salary);
                    break;
                case 2:
                    System.out.println("输入员工的姓名，小时数和每小时工资额：");
                    name=input.nextLine();
                    double hours=input.nextDouble();
                    double wage = input.nextDouble();
                    aEmployee[i] = new HourlyEmployee(name,hours,wage);
                    break;
                case 3:
                    System.out.println("输入员工的姓名，佣金比例和销售额：");
                    name=input.nextLine();
                    double rate=input.nextDouble();
                    double sales = input.nextDouble();
                    aEmployee[i] = new CommisionEmployee(name,rate,sales);
                    break;
            }
        }
        System.out.println("姓名\t 工资");
        for(int i=0;i<employeeCount;i++)
        {
```

```
        aEmployee[i].PrintSalary();
    }
  }
}
```

3.10 包 装 类

3.10.1 包装类的概念

Java 语言可以直接处理基本类型，而不是将它们视为对象。例如为了提高运算效率，数字、布尔和字符数据均以基本类型处理。但是在有些情况下，我们需要将其作为对象来处理，Java 语言提供了包装类，将基本的数据元素作为对象来处理。每种 Java 基本类型在 java.lang 包中都有一个相应的包装类，如表 3.2 所示。

表 3.2 包 装 类

基 本 类 型	包 装 类
boolean	Boolean
char	Character
byte	Byte
short	Short
int	Integer
long	Long
float	Float
double	Double

通过将要包装的值传递给相应的构造方法，可以创建包装类对象。例如：

```
int pInt=145;
Integer obj=new Integer(145);   //包装
int p2=obj.intValue(); //取出包装类对象中的值
```

3.10.2 字符串与基本类型的转换

程序设计中经常需要将字符串转换为整型或实型数据，例如从键盘上输入一个整数，实际上用户从键盘上键入的是一个字符串，必须转换成整数后才能使用。同样，反向的转换也经常会用到，例如在 Java Applet 中将数据转换为字符串后输出。Java 语言中这样的转换都可以通过简单数据类型的包装类来实现。

如果需要将简单类型变量转换为字符串，则首先要创建一个包装类对象，然后调用该对象的 toString 方法即可。例如：

```
String IntStr = new Integer(123).toString();
String DoubleStr = new Double(123.456D).toString();
```

实际上，Java 语言中的每一个对象都有一个 toString()方法。例如：

```
Date day = new Date();        //Date 为 Java 类库中处理日期的类
System.out.println(day);
```

这里的输出语句相当于：

```
System.out.println(day.toString());
```

前面提到 Java 语言对运算符 + 的功能进行了扩展，可以允许字符串与 int、float 等类型的数据连接，实际上这里使用了包装类，例如：

```
String str=""+5;
```

相当于：
  String str=""+(new Interger(5).toString());
即两个 String 的相加。
  包装类的另一种构造方法是以字符串作参数，可以使用该构造方法创建包装类对象，将字符串转换为简单类型数据。例如：
  int intNumber = new Integer ("10").intValue();
  boolean con = new Boolean ("true").booleanValue();
  从包装类对象获取基本类型值的方法为 typeValue，其中 type 为响应的数据类型。例如，intValue 获取 int 值，charValue 获取 char 值，doubleValue 获取 double 值。
  也可以不构造包装类对象，而直接利用包装类的静态方法实现字符串到简单类型的转换。例如，Integer 类提供了 parseInt：
  int x=Integer.parseInt(str);

3.11 编 程 实 例

  程序 3.25 实现了一个简易的计算器，该程序由两个文件组成。文件 Calculator.java 中定义了一个类 Calculator，该类实现计算器的功能，但不包括输入、输出。文件 AppCal.java 中定义了类 AppCal，其中包含 main 方法。AppCal 的 run 方法从键盘接收输入，调用 Calculator 的方法进行处理。例如从键盘输入：
  3+2*3
程序按照输入的顺序计算，最后输出结果为 15。
  【程序 3.25】 简易计算器。

```java
// Calculator.java
public class Calculator
{
    private int status=0;                    //计算器当前状态
    //0—已计算结果->操作数 1，等待运算符，或从输入操作数
    //1—正在输入操作数 1
    //2—已输入运算符，等待输入操作数 2
    //3—正在输入操作数 2
    private String num1="0",num2="";         //存储运算数
    private char Op;                         //存储运算符
    public String DisplayStr="0";            //存储运算结果
    //计算器回到初始状态
    public void init()
    {
        status=0;
        num1="0";
```

```
    DisplayStr="0";
}
//处理一个按键
void KeyProcess(char key)
{
    switch(status){
    case 0:
        if((key>='0'&&key<='9')||key=='.'){
            status=1;
            num1=""+key;
            DisplayStr = num1;
        }
        else if(key=='+'||key=='-'||key=='*'||key=='/'){
            Op=key;
            status=2;
        }
        break;
    case 1:
        if((key>='0'&&key<='9')||key=='.'){
            status=1;
            num1=num1+key;
            DisplayStr = num1;
        }
        else if(key=='='){
            status=0;
        }
        else if(key=='+'||key=='-'||key=='*'||key=='/'){
            Op=key;
            status=2;
        }
        break;
    case 2:
        if((key>='0'&&key<='9')||key=='.'){
            status=3;
            num2=""+key;
            DisplayStr = num2;
        }
        else if(key=='='){
            status=0;
```

```java
            }
            else if(key=='+'||key=='-'||key=='*'||key=='/'){
            }
            break;
        case 3:
            if((key>='0'&&key<='9')||key=='.'){
                num2=num2+key;
                DisplayStr = num2;
            }
            else if(key=='='){
                Cal();
                DisplayStr = num1;
                status=0;
            }
            else if(key=='+'||key=='-'||key=='*'||key=='/'){
                Cal();
                DisplayStr = num1;
                status=2;
                Op = key;
            }
            break;
    }
}
//计算结果
void Cal()
{
    double n1 = new Double(num1).doubleValue();
        //使用 Double 类的方法将 String 类型转换为 double 类型数据
    double n2 = new Double(num2).doubleValue();
    double r=0;
    switch(Op){
      case '+':
          r=n1+n2;
          break;
      case '-':
          r=n1-n2;
          break;
      case '*':
          r=n1*n2;
```

```
            break;
        case '/':
            r=n1/n2;
            break;
        }
        num1=String.valueOf(r);
    }
}
// AppCal.java
public class AppCal
{
    Calculator cal = new Calculator();
    void run()
    {   char c;
        do{
         try{
            c = (char)System.in.read();      //从键盘输入
            if(c=='\n')
                cal.KeyProcess('='); //如果为回车键，则计算最后结果
            else
                cal.KeyProcess(c);
            System.out.print(cal.DisplayStr+'\r');
         }catch(Exception e){c='\n';}
        }while(c!='\n');
    }
    public static void main (String[] args)
    {   AppCal c = new AppCal();
        c.run();
    }
}
```

3.12 泛型与集合类简介*

3.12.1 泛型的作用

程序设计中经常会遇到一些相似的工作，例如用一个链表存储一组学生对象并按照学号排序和用一个链表存储一组客户对象并按照身份证号排序，两项工作所需的链表存储结构和排序算法是完全一致的，只是需要处理对象的数据类型不同。泛型编程的思想是希望

一份代码可以处理不同类型的对象，提高代码的可复用性。如果程序设计语言不提供泛型支持，对前面的情况往往需要多次重复才能实现。

Java 5 之前的 Object 解决了部分泛型的需求，但存在类型安全问题。Java 5 引入了泛型这一新特性，其主要目的是解决泛型的类型安全问题。下面我们先看一个不使用新泛型特性的动态数组例子。动态数组与数组类似，可以按照存储位置访问动态数组中存储的元素，但数组元素的个数可以动态变化。

【程序 3.26】 不使用新泛型特性的动态数组。

```java
import java.util.ArrayList;
public class ArrayListDemo {
    public static void main(String[] args) {
        ArrayList aLst=new ArrayList();
        aLst.add("1st");
        aLst.add("2nd");
        for(int i=0;i<aLst.size();i++)
        {
            String s = (String) aLst.get(i);
            System.out.println(s);
        }
    }
}
```

Java 2 提供了 ArrayList 类实现动态数组功能，通过 add 方法将元素加入动态数组，通过 get 方法获取指定位置的元素。为了能够对不同的数据类型进行操作，add 方法的形式参数和 get 方法的返回值类型均定义为 Object。这种处理方法虽然满足了一份代码处理不同类型对象的要求，提高了代码的可复用性，但是这种方法存在类型安全问题，因为 add 方法无法控制加入数组的元素类型，取出元素时必须采用类型强制转换，将数组元素转换为所需的类型，如果元素本身的类型与欲转换的类型不一致，则产生一个 ClassCastException 异常(有关异常的内容将在第 6 章详细介绍)。

Java 5 引入了新的泛型特性，类似 ArrayList 这样的类均支持该特性，可以在编译阶段进行类型检查，确保类型安全。

3.12.2 泛型的基本语法

Java 5 提供了新的泛型特性，允许在定义类和接口时使用类型参数(type parameter)，在使用时声明的类型参数用具体的类型来替换。

1. 泛型类声明

泛型类的定义形式与一般类基本相同，只需在类名后增加泛型参数列表，泛型参数在类体中作为类型名使用。例如：

```java
public class ValueObject<T> {
    private T value;
```

```
        public T getValue(){return value;}
        public void setValue(T value){this.value=value;}
        public ValueObject(T value){setValue(value);}
    }
```

这里 T 为泛型类的类型参数，在类体中声明变量与方法时，T 作为类型名使用。如果有需要，在定义泛型类时也可以使用多个类型参数。例如：

```
    public class Value2Object<T1,T2>
```

2. 使用泛型类声明对象

在创建泛型类对象时，类型参数需要用某一特定的数据类型替换。例如：

```
    ValueObject<Integer> intObject = new ValueObject<Integer>(5);
```

用 Integer 替换了泛型类声明中的类型参数 T。需要注意的是，Java 不接受简单类型，如 int、float 等作为泛型类的类型参数，只能使用复合类型(或称为引用类型)作为类型参数。

【程序 3.27】 泛型类。

```
    public class gdemo {
        public static void main(String[] args) {
            ValueObject<Integer> intObject=new ValueObject<Integer>(5);
            ValueObject<Float> floatObject=new ValueObject<Float>(5.0f);
            System.out.println(intObject.getValue());
            System.out.println(floatObject.getValue());
        }
    }
```

【程序 3.28】 使用新泛型特性的动态数组。

```
    import java.util.ArrayList;
    public class ArrayListDemo {
        public static void main(String[] args) {
            ArrayList<String> aLst=new ArrayList<String>();
            aLst.add("1st");
            aLst.add("2nd");
            //aLst.add(5); //该语句编译阶段出错，如果不使用泛型特性，
                          //则该语句可正常编译，但运行时发生异常
            for(int i=0;i<aLst.size();i++)
            {   String s = aLst.get(i);//无需再进行强制类型转换
                System.out.println(s);
            }
        }
    }
```

程序 3.28 演示了使用新的泛型特性的动态数组的使用，读者可将其与程序 3.26 进行比较。

3. 泛型接口

可以使用"interface 名称<泛型参数列表>"声明一个接口,这样声明的接口称为泛型接口。例如,下面是两个泛型接口的声明:

  interface A<T>　//A 是接口名字,T 是泛型参数

  interface B<T1,T2>　　//B 是接口名字,T1、T2 是泛型参数

泛型接口的使用方法与泛型类相似。

【程序 3.29】 泛型接口。

```
interface GetInfo<T> {
    public T getVar();
}
class InfoImp<T> implements GetInfo<T> {  //泛型接口的实现
    private T var;
    public InfoImp(T var) {
        this.setVar(var);
    }
    public void setVar(T var) {
        this.var = var;
    }
    public T getVar() {
        return this.var;
    }
}
public class InterfaceDemo {
    public static void main(String arsg[]) {
        GetInfo<String> i = null; // 声明接口对象
        i = new InfoImp<String>("it"); // 通过子类实例化对象
        System.out.println("Length Of String : " + i.getVar().length());
    }
}
```

程序 3.29 演示了泛型接口的基本使用方法。

3.12.3　集合类的使用

新泛型特性的典型应用是 JDK 提供的集合类库,所谓集合就是将若干用途相同、近似的"数据"结合成一个整体,通常也将这些集合类对象称为容器,例如程序 3.28 中的动态数组类 ArrayList。Java 5 之前的集合类通过 Object 实现泛型功能,所有加入集合中的数据元素都作为 Object 对象,但存在类型安全问题。Java 5 之后的集合类均采用新的泛型特性改写,解决了原来的类型安全问题。

Java 集合类从体系上分为三种:

(1) 列表(List)：List 集合区分元素的顺序，允许包含相同的元素。
(2) 集(Set)：Set 集合不区分元素的顺序，不允许包含相同的元素。
(3) 映射(Map)：Map 集合保存的"键/值"对，"键"不能重复，而且一个"键"只能对应一个"值"。

JDK 定义了泛型接口 List、Set、Map，相应的集合类需要实现对应的接口，JDK 所提供的集合类全部位于 java.util 包中。本节介绍部分常用集合类的使用。

1. 链表

链表是由若干个称为节点的对象组成的一种数据结构，每个节点含有一个数据和下一个节点的引用。Java 5 之后的 JDK 提供泛型类 LinkedList<E>，它能实现双向链表功能，该泛型类创建的对象以链表结构存储数据。例如，下面的语句创建一个节点中的数据为 String 类型的空双向链表。

  LinkedList<String> mylist=new LinkedList<String>();

LinkedList<E>提供了 add 方法，将数据添加到链表中，例如：

  mylist.add("I");
  mylist.add("'Like");
  mylist.add("Java");

此时，链表 mylist 中就有了三个节点。

LinkedList<E>实际上是实现了泛型接口 List<E>的一个泛型类，List<E>泛型接口常用的方法有：

• public boolean add(E element)：向链表末尾添加一个新节点。
• public void add(int index,E element)：向链表的指定位置添加一个节点，其中 index 是位置。
• public void clear()：删除链表的所有节点，使链表变成空链表。
• public E remove(int index)：删除指定位置上的节点。
• public boolean remove(E element)：删除首次出现含有 element 的节点。
• puhlic E get(int index)：返回链表指定位置处节点中的数据。
• public E set(int index,E element)：将当前链表指定位置节点中的数据替换为参数 element 指定的数据，并返回被替换的数据。
• public int size()：返回链表的长度，即节点的个数。
• public boolean contains(Object element)：如果此链表包含指定元素 element，则返回 true，否则返回 false。
• LinkedList<E>泛型类本身增加的一些常用方法：
• public void addFirst(E element)：向链表的头部添加一个新节点。
• public void addLast(Eelement)：向链表的末尾添加一个新节点。
• public E removeFirst()：删除第一个节点，并返回该节点的数据。
• public E removeLast()：删除最后一个节点，并返回该节点的数据。
• public Object clone()：克隆当前链表，获得一个副本链表。

无论是何种数据集合，都允许以某种方法遍历这些集合中的对象，而不需要知道这些对象在集合中是以何种方式存储的。当需要遍历 Java 集合中的对象时，应当使用该集合提供的迭代器，而不是让集合本身来遍历其中的对象。由于迭代器遍历集合的方法在找到集合中的一个对象的同时，也得到待遍历的后继对象的引用，因此迭代器可以快速地遍历集合。链表对象可以使用 iterator()方法获取一个 Iterator 对象，该对象就是针对当前链表的迭代器。

【程序 3.30】 LinkedList 使用方法。

```java
import java.util.*;
public class LinkedListDemo {
    public static void main(String args[]){
        LinkedList<String> list=new LinkedList<String>();
        for(int i=0;i<=1024;i++){
            list.add("item "+i);
        }
        Iterator<String> iter=list.iterator();        //获取迭代器
        while(iter.hasNext()){
            String s=iter.next();
            System.out.println(s);
        }
    }
}
```

遍历 LinkedList 集合中的对象也可以采用按对象位置访问元素的方法，但因为 LinkedList 采用的是链式存储而非连续存储，因此遍历速度很慢，而程序 3.28 中使用的 ArrayList 更适合采用按对象位置遍历集合中的对象。

另外，Java 5 提供了 foreach 语句遍历数组、集合中的元素。foreach 的语句格式为：

```
for(元素类型 t 元素变量 x : 遍历对象 obj){
    引用了 x 的 java 语句;
}
```

例如，对上例中的 list，如果要访问其中存储的所有 String 对象，可以采用下面的语句：

```
for(String s : list)
    System.out.println(s);
```

对于数组，可以采用类似的方法访问数组中的所有元素，例如：

```
int a[]={1,2,3,4};
for(int i:a)System.out.println(i);
```

2. 堆栈

堆栈是一种"后进先出"的数据结构，只能在一端进行输入或输出数据的操作。泛型类 Stack<E>创建一个堆栈对象，其常用方法主要有：

- public E push(E item)：实现进栈操作。
- public E pop()：实现出栈操作。

- public boolean empty()：判断堆栈是否还有数据。
- public E peek()：获取堆栈顶端的数据，但不删除该数据。
- public int search(Object data)：获取数据在堆栈中的位置。

【程序 3.31】 LinkedList 使用方法。

```
import java.util.Stack ;
public class StackDemo{
    public static void main(String args[]){
        Stack<String> s = new Stack<String>() ;
        s.push("A") ;// 入栈
        s.push("B") ;// 入栈
        s.push("C") ;// 入栈
        System.out.print(s.pop() + "-") ;
        System.out.print(s.pop() + "-") ;
        System.out.println(s.pop() + "-") ;
        System.out.println(s.pop()) ;
    }
}
```

运行程序 3.31，输出结果如下：

```
C-B-A-
Exception in thread "main" java.util.EmptyStackException
    at java.util.Stack.peek(Unknown Source)
    at java.util.Stack.pop(Unknown Source)
    at StackDemo.main(StackDemo.java:12)
```

该程序连续向栈中压入 3 次数据，然后执行了 4 次出栈操作，最后一次执行出栈操作时，栈空错误触发异常，程序退出。

3. 散列映射

HashMap<K,V>泛型类实现了泛型接口 Map<K,V>，HashMap<K,V>对象采用散列表数据结构存储数据，习惯上称 HashMap<K,V>对象为散列映射。散列映射存储"键/值"对，允许将任意数量的"键/值"存储在一起，然后可以按"键"检索集合中的"键/值"对。"键"不能引起冲突，如果两个数据项采用相同的"键"，则前一个将被后一个替换。下面的语句创建了一个散列映射：

HashMap<String,Student> hashtable= new HashMap<String,Student>();

HashMap<K,V>常用的方法有：

- public V put(K key,V value)：将"键/值"对数据存放到散列映射中，该方法同时返回"键"所对应的值。
- public void clear()：清空散列映射。
- public Object clone()：返回当前散列映射的一个克隆。
- public boolean containsKey(Object key)：如果散列映射有"键/值"对使用了参数指定

的"键",方法返回 true,否则返回 false。
- public boolean containsValue(Object value):如果散列映射有"键/值"对的值是参数指定的值,方法返回 true,否则返回 false。
- public V get(Object key):返回散列映射中使用 key 做键的"键/值"对中的值。
- public boolean isEmpty():如果散列映射不含任何"键/值"对,方法返回 true,否则返回 false。
- public V remove(Object key):删除散列映射中键为参数指定的"键/值"对,并返回键对应的值。
- public int size():返回散列映射的大小,即散列映射中"键/值"对的数目。

要遍历散列映射中的所有"键/值"对,可以通过 entrySet()方法获取"键"值的集合,并获取该集合的迭代器。

【程序 3.32】 HashMap 使用方法演示。

```java
import java.util.HashMap;
import java.util.Iterator;
import java.util.Map.Entry;
public class HashMapDemo
{
    public static void main(String[] args)
    {
        HashMap<String,String> scoreTable=new HashMap<String,String>();
        scoreTable.put("Alice","A" );
        scoreTable.put("Ann","A-" );
        scoreTable.put("Carol","B-" );
        scoreTable.put("Betty","B" );
        //检索 Carol 的成绩
        System.out.println(scoreTable.get("Carol"));
        //输出成绩表
        Iterator<Entry<String, String>> mapite=scoreTable.entrySet().iterator();
        while(mapite.hasNext())
        {
            Entry<String, String> testDemo=mapite.next();
            String key=testDemo.getKey();
            String value=testDemo.getValue();
            System.out.println(key+"-------"+value);
        }
    }
}
```

程序 3.32 使用 HashMap 存储"名字/成绩"的对应关系,并演示了根据"名字"检索"成绩",以及遍历 HashMap 输出成绩表的方法。

实训三　面向对象程序设计

一、实训目的

(1) 掌握定义类、创建对象、使用类与对象的方法。
(2) 掌握类及其成员的修饰符的使用。
(3) 掌握如何定义和调用方法。
(4) 掌握形式参数定义以及形式参数与实际参数的关系。
(5) 掌握静态变量与非静态变量、局部变量的使用以及静态方法与非静态方法的使用。
(6) 掌握构造方法的使用。
(7) 掌握字符串类、数组的使用。
(8) 掌握继承和重载的概念与实现方法。
(9) 掌握如何从已有类中派生子类。
(10) 掌握方法的覆盖和重载。
(11) 掌握定义包和接口的方法。
(12) 掌握多文件、多类程序编译和发布的方法。
(13) 了解泛型基本语法及集合类的使用方法。

二、实训内容

1．定义并使用一个新类。
1) 使用 JDK
(1) 使用纯文本编辑软件输入以下源程序，保存为 Birthday.java。

```
    public class Birthday
    {
      public String year;
      public String month;
      public String day;
      public Birthday()
      {
        year="0000";
        month="00";
        day="00";
      }
      public Birthday(String y,String m,String d)
      {
        year=y;
        month=m;
        day=d;
      }
```

```
        public String getBirthday()
        {
            String fullbirthday=month+"/"+day+"/"+year;
            return fullbirthday;
        }
    }
```
(2) 编译这个程序,如果顺利完成,将在当前目录下生成一个名为 Birthday.class 的文件。

(3) 输入以下源程序,保存为 useBirthday.java。
```
    public class useBirthday
    {
        public static void main(String argv[])
        {
            Birthday birthday1=new Birthday();
            Birthday birthday2=new Birthday("1949","10","01");
            System.out.println(birthday1.getBirthday());
            System.out.println(birthday2.getBirthday());
        }
    }
```
(4) 编译 useBirthday.java 后,执行以下命令,运行程序。
    java useBirthday

2) 使用 Eclipse

(1) 创建项目。选择 File 菜单的 New→Java Project 子菜单,显示图 3.4 所示的对话框,输入项目的名字 Birthday,单击 Finish 按钮。

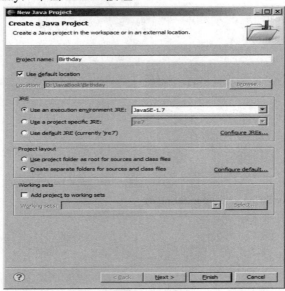

图 3.4 新建项目

(2) 为项目添加类 Birthday。在 Package Explorer 窗口选中新创建的 Birthday 项目，然后选择 File 菜单的 New→Class 子菜单(如图 3.5 所示)，或者右击 Birthday 项目选择 New 菜单的子菜单 Class，显示图 3.6 所示的对话框。输入类名(Class Name)Birthday，选择包 (Package)，包名为空，表示根包，然后单击 Finish 按钮。

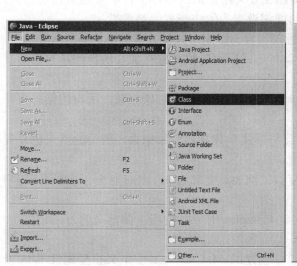

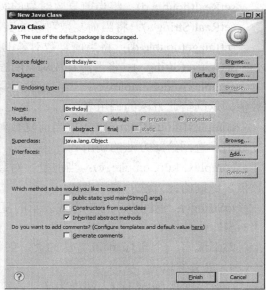

图 3.5　新建一个类　　　　　　　　　图 3.6　类向导对话框

(3) 新类创建后，Eclipse 自动打开源程序编辑窗口，如图 3.7 所示。

(4) 可以直接在源程序窗口输入源程序。

(5) 用类似步骤新建 useBirthday 类。

(6) 运行程序。选择菜单 Run→Run as→Java Application，Eclipse 将提示保存程序，然后编译并执行编译程序。如果程序编译出错，将在下面的子窗口显示错误信息。

2. 定义一个类。

定义一个类 MyClass，类中包含一个整型属性 data 和封装这个属性的两个方法 getData() 和 setData()，然后使用定义的类 MyClass 编写一个 Java Application 程序，实现数据的访问和输出。

图 3.7　源程序编辑窗口

3. 编写一个类实现复数的运算。

复数类 Complex 的属性有：

mReal：实部，代表复数的实数部分。

mImage：虚部，代表复数的虚数部分。

复数类 Complex 的方法有：

Complex(double r, double i)：构造函数，创建复数对象的同时完成复数的实部、虚部的初始化，r 为实部的初值，i 为虚部的初值。

getReal()：获得复数对象的实部。

getImage()：获得复数对象的虚部。

setReal(double d)：将当前复数对象的实部设置为给定形式参数的值。

setReal(String s)：将当前复数对象的实部设置为给定形式参数字符串字面所代表的值。

setImage(double d)：将当前复数对象的虚部设置为给定形式参数的数字。

setImage(String s)：将当前复数对象的虚部设置为给定形式参数字符串字面所代表的值。

complexAdd(Complex c)：当前复数对象与形式参数复数对象相加，所得的结果也是复数值，返回给此方法的调用者。

complexMinus(Complex c)：当前复数对象与形式参数复数对象相减，所得的结果也是复数值，返回给此方法的调用者。

complexMul(Complex c)：当前复数对象与形式参数复数对象相乘，所得的结果也是复数值，返同给此方法的调用者。

toString()：返回以字符串方式表示的复数。例如，实部为 3，虚部为 5，则返回字符串"3+5i"。

然后编写一个含有 main 方法的类，创建 Complex 对象并调用上面定义的方法。

4. 定义类。

定义一个类 subClass，超类为实训内容中创建的 MyClass，其中定义整型属性 data 及方法 getData 和 setDatye 封装该属性；再定义一个方法 ADD，该方法返回超类中定义的 data 及 subClass 中定义的 data 的和。编写主程序检查新建类中的所有属性与方法。

5. 编写一个 Java 应用程序。

编写一个 Java 应用程序，用数组存储乘法表的结果，然后输出。输出形式为

  1
  2 4
  3 6 9
  4 8 12 16
  ⋮

6. 定义一个接口。

定义一个用于计算和输出规则图形的面积、周长的接口；然后定义 Circle、Rectangle 类实现该接口，分别用于求圆和长方形的面积和周长；再实现一个使用 Circle、Rectangle 类的 Java Application。

7. 编写 Java 程序。

已知学生类 Student 的成员变量包括 no(学号，int)，name(姓名，String)，score 成绩，int)。使用 LinkedList 类存储学生信息的对象，给定学生姓名，查找学生的信息并输出。

8. 编写 Java 程序。

采用学号作为键值使用 HashMap 存储题 7 中的学生信息，输入学号查找并输出学生信息。与上一题比较其查找效率。

9. 多文件、多类程序编译和发布，调试本章的案例程序 3.24。

1) 使用 JDK

(1) 打开纯文本编辑软件，输入程序的第一部分 Employee.java，保存文件。注意文件名必须正确无误，当一个文件中有多个类的定义时，只能有一个 public 类，且类名与文件名相同。

(2) 打开纯文本编辑软件，按照同样的方法输入 SalaryEmployee.java、HourlyEmployee、CommisionEmployee 和 Main.java，文件与 Employee.java 必须保存在同一目录下。

(3) 进入 DOS 命令运行环境，修改当前目录为程序文件所在的目录，用 javac 命令编译 Main.java，编译器同时自动编译其他三个文件。

(4) 用 Java 命令执行 Main.class。

(5) 制作 JAR 文件。

程序 3.24 由多个类构成，编译后生成下面几个 class 文件：Main.class、Employee.class、SalaryEmployee.class、HourlyEmployee.class、CommisionEmployee.class。

可以将这些文件制作为单一的 JAR 文件提交给用户。JAR 文件即 Java Archive File，是 Java 的一种文档格式。JAR 文件与 ZIP 文件非常类似，它与 ZIP 文件的唯一区别就是在 JAR 文件的内容中包含了一个 META-INF/MANIFEST.MF 文件，这个文件是在生成 JAR 文件时自动创建的。可以使用 JDK 的 jar 命令生成 JAR 文件。不过，创建可执行的 JAR 文件需要手工生成一个 manifest.mf 文件，在该文件中指定要执行的主类。程序 3.24 中包含 main 方法的主类为 Main，打开纯文本编辑器，输入下面一行内容：

  Main-Class：Main.class

注意：Main-Class 前不可有空格，行末也不可有空格，但冒号后必须有一个空格。保存该文件到程序所在的目录，文件名为 manifest.mf(也可自行定义一个其他的名字，将下面命令中的名字换为自定义的名字即可)。然后执行下面的 jar 命令：

  jar cvfm salary.jar manifest.mf *.class

命令行中 cvfm 的含义如下：
- c：创建新的 JAR 文件包。
- v：生成详细报告并打印到标准输出。
- f：指定 JAR 文件名，通常这个参数是必需的。
- m：指定需要包含的 MANIFEST 清单文件。

salary.jar 为 JAR 文件名。manifest.mf 为要包含的 manifest 文件，与 m 参数配套使用。命令行最后的 *.class 为要加入 JAR 文件的内容，这里表示将当前目录所有的 class 文件全部加入到 salary.jar 中。

jar 命令的完整格式为

  jar {ctxu}[vfm0M] [jar-文件] [manifest-文件] [-C 目录]文件名 …

其中：

{ctxu}：jar 命令的子命令。每次 jar 命令只能包含 c、t、x、u 中的一个，它们分别表示：
- t：列出 JAR 文件包的内容列表。
- x：展开 JAR 文件包的指定文件或者所有文件。
- u：更新已存在的 JAR 文件包(添加文件到 JAR 文件包中)。

[vfm0M]中的选项可以任选，也可以不选，它们是 jar 命令的选项参数，含义分别如下：

- f：指定 JAR 文件名，通常这个参数是必需的。
- 0：只存储，不压缩，这样产生的 JAR 文件包会比不用该参数产生的体积大，但速度更快。
- M：不产生 MANIFEST 文件，此参数会忽略 -m 参数。

[jar-文件]：需要生成、查看、更新或者解开的 JAR 文件包，它是 -f 参数的附属参数。

[manifest-文件]：MANIFEST 清单文件，它是 m 参数的附属参数。

[-C 目录]：表示转到指定目录下去执行这个 jar 命令的操作。它相当于先使用 cd 命令转到该目录下，再执行不带 -C 参数的 jar 命令，它只能在创建和更新 JAR 文件包时使用。

文件名...：指定一个文件/目录列表，这些文件/目录就是要添加到 JAR 文件包中的文件/目录。如果指定了目录，那么 jar 命令打包的时候会自动把该目录中的所有文件和子目录打入包中。

生成 salary.jar 文件后，执行下面的命令：

  java -jar salary.jar

2) 使用 Eclipse

Eclipse 提供了可视化的打包工具，可以按照下面的步骤为一个项目打包。下面的过程以 Birthday 项目为例。

(1) 在 Package Explorer 中选择将要打包的项目，右击该项目，在弹出的菜单中选择 Export 菜单项，如图 3.8 所示，然后在图 3.9 所示的窗口中选择"JAR file"。

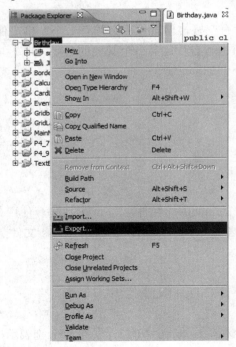
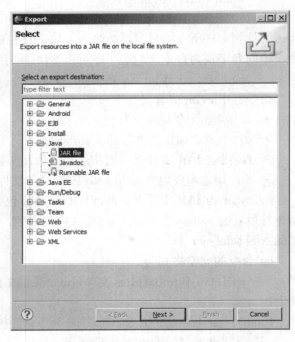

图 3.8　Export 菜单项　　　　　　　　图 3.9　选择打包类型

(2) 在图 3.10 所示的对话框中选择打包的内容，这里直接单击"Next"按钮用默认选项即可。

(3) 在图 3.11 所示的对话框中指定 manifest 文件。默认选项 Generate the manifest file，由 Eclipse 自动生成 manifest 文件，选择 Seal the JAR 选项，单击下面的 Browse 按钮，在弹出的对话框中选择 Main Class，最后单击 Finish 按钮。Eclipse 生成的 JAR 文件可以在 Eclipse 的 workspace 目录中找到。

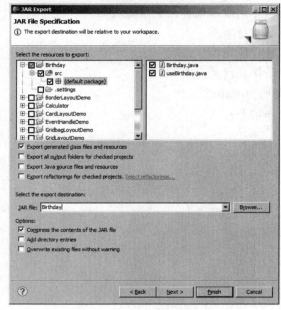

图 3.10　选择打包内容

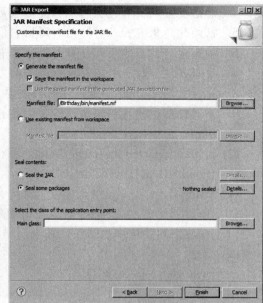

图 3.11　指定 manifest 文件

10. 包的创建与使用，调试程序 3.7。

1) 使用 JDK

(1) 进入 DOS 命令运行环境，创建一个目录用于调试本程序。

(2) 在程序目录下创建 MyPackage 目录。

(3) 在 MyPackage 目录下创建 display 目录。

(4) 打开纯文本编辑器并输入 displayclass.java，保存到 Mypackage\display 目录下。

(5) 输入 PackageApplet.java，保存到程序目录下。

(6) 编译 display.java 和 PackageApplet.java。

(7) 编写一个 HTML 文件用于发布 PackageApplet。

(8) 用 appletviewer 运行该程序。

2) 使用 Eclipse

Eclipse 创建包很简单，选择项目后，使用 File→New→Package 菜单可以很轻松地创建包。然后在图 3.6 创建类时输入该包名，则相应类的源文件将自动放置到指定的包中。

习题三

1. 类和类成员的访问控制符有哪些？

2. 为什么说构造函数是一种特殊的方法？构造函数什么时候执行？
3. 下面的关键字哪些是类及其成员的修饰符？
(1) public (2) synchronized (3) class (4) void
(5) private (6) protected (7) friendly (8) double
4. 静态变量成员有什么特点？类对象可以访问或修改静态变量成员吗？
5. 初始化对象有哪几种方法？写出它们的执行顺序。
6. 抽象类有什么作用？接口与抽象类有什么区别？
7. 抽象方法有什么特点？抽象方法的方法体在何处定义？
8. 为什么定义 final 变量成员时往往要声明为 static？
9. 下面哪些访问控制修饰符的使用是合法的？
(1) public class MyClass{...}
(2) public protected int IntegerValue;
(3) friendly float FloatValue;
(4) String s;
10. final 修饰符和 abstract 可以同时使用吗？为什么？
11. 找出下列程序中的错误，并说明错误原因。
(1) 程序一：
```
public class MyClass {
    int  data;
    void  MyClass(int  d)
    {
        data=d;
    }
}
```
(2) 程序二：
```
public class MyMain{
    public static  void  main(String  args[ ])
    {
        System.out.println(MyClass1.data);
    }
}
class  MyClass1
{
    int  data=10;
}
```
(3) 程序三：
```
class Class1{
    private int x,y;
    pivate Class1(int x,int y)
```

```
        {
           this.x=x;
           this.y=y;
        }
    }
    class Class2{
        public static void main(String args[])
        {
           Class1 c1=new Class1(10,10);
           System.out.println("x="+c1.x);
           System.out.println("y="+c1.y);
        }
    }
```

(4) 程序四：
```
    class Class1{
       int x=0,y=0;
       int add(){return x+y;}
    }
    class Class2 extends Class1{
       float x=1.0,y=2.0;
       float add(){
           return x+y;
       }
    }
```

(5) 程序五：
```
    class MyClass{
       int   var=100;
       static int   getVar()
       {
           return   var;
       }
    }
```

(6) 程序六：
```
    class IamAbstract
    {
      final   int   f;
      double   d;
      abstract   void   method();
    }
```

(7) 程序七：
```
class parent
{   private  int  mine;
}
class  child extends parent
{   int  getMine()
    {   return  mine;  }
}
```
12. 写出下列程序的运行结果。
(1) 程序一：
```
class   Q1{
    public  static  void  main(String   args[])
    {  double   d=1.23;
        Dec   dec=new   Dec();
        dec.decrement(d);
        System.out.println(d);
    }
}
classs   Dec{
    public void   decrement(double    decMe)
    {
        decMe = decMe - 0.1;
    }
}
```
(2) 程序二：
```
public class Class1
{  public static void main (String[] args)
    {
        String copyFromMe="Copy this string until you encounter the letter 'g'.";
        StringBuffer copyToMe=new StringBuffer ();
        int i=0;
        char c=copyFromMe.charAt (i);
        do{
            copyToMe.append (c);
            c=copyFromMe.charAt (++i);
        }while(c!='g');
        System.out.println (copyToMe);
    }
}
```

第4章 图形用户界面

4.1 进入图形用户界面

4.1.1 案例1：图形界面的简易计算器

在 Windows 操作系统下我们看到很多应用程序窗口，这些应用程序采用图形用户界面(GUI)，与用户的交互借助于菜单、编辑框、按钮等标准界面元素和键盘、鼠标操作来完成。与控制台应用程序的字符界面相比，图形用户界面的程序简单直观、易于学习，目前已成为桌面应用的主要形式。

本节案例要求实现一个图形用户界面的简易计算器，其运行界面如图 4.1 所示。该简易计算器能够进行加、减、乘、除运算，点击"CLEAR"按钮，计算器值清零。

图 4.1 简易计算器

4.1.2 容器与组件

采用 Java SE 开发 GUI 应用程序可以有两种选择：使用抽象窗口工具包(Abstract Window Toolkit，AWT)和使用 Swing 组件库。AWT、Swing 组件库将 Windows 应用程序中常见的标准界面元素如按钮、编辑框等称为组件，提供了对常见标准组件的支持，将它们的实现封装为一些类，程序员可以很容易利用这些类来构造复杂的用户界面。

AWT 相关类在 java.awt 包中，AWT 组件通常称为重型组件，运行时需要一个与平台相关的本地组件为之服务，当我们利用 AWT 来构建图形用户界面时，实际上是在利用操作系统所提供的图形库。采用 AWT 实现的 GUI 应用程序在不同的平台上运行时界面差异较大。

Swing 组件库是 AWT 库的扩展，相关的类在 javax.swing 包中，提供了比 AWT 更多的特性和工具。Swing 组件通常称为轻型组件，它不直接使用本地组件。与 AWT 组件相比，Swing 组件在不同的平台上具有更好的一致性。Swing 组件库是官方推荐的桌面应用 GUI 类库，本章的案例均采用 Swing 组件库实现。

AWT 中组件的共同特征由 Component 类实现，其大多数组件都是由 Component 类派生而来的。正如我们在 Windows 环境下看到的，按钮一类的界面元素并不是独立存在的，它们都是放置在某个窗口、面板等上的。AWT 将这些窗口和面板称为容器，各种容器的共同特征由 Container 类实现，Container 类也是由 Component 类派生而来的，因此容器是一类特别的组件。容器用来组织其他界面元素，一个应用程序的图形界面首先对应一个复杂的容器，例如一个窗口。这个容器内部将包含许多界面元素，这些界面元素本身也可以又是一个容器，这个容器将再进一步包含它的界面元素，构成一个复杂的图形界面系统。AWT 中常见的容器组件有：Applet、Panel、Window、Frame、Dialog 等。

Swing 组件库从 AWT 扩展而来，组件和容器的概念与 AWT 的一致，Swing 组件均派生自 JComponent 类，而 JComponent 类是 AWT 中 Container 类的派生类，图 4.2 是 Swing 类库中主要类和组件类的继承关系示意图。

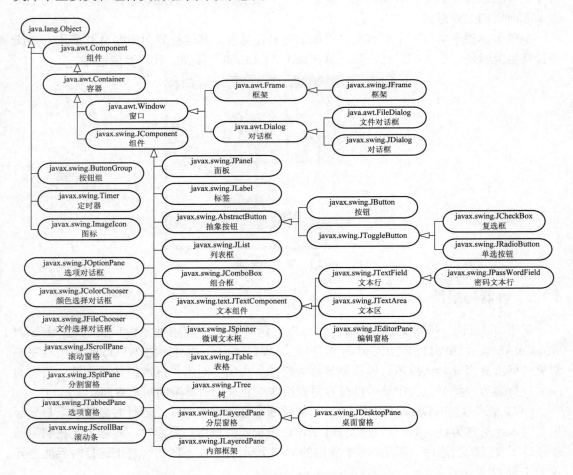

图 4.2 Swing 类库中主要类和组件类的继承关系示意图

对于案例 1 来说，要进入图形用户界面，首先必须创建主窗口，主窗口是界面上按钮及其它组件的容器。Swing 组件库中适合作为应用程序主窗口的容器类是 JFrame。

JFrame 为 java.awt.Frame 类的派生类，其常用的构造方法有：

- public JFrame()：构造一个没有标题的窗口。
- public JFrame(String title)：构造一个给定标题的窗口。

窗口创建后是不可见的，只有使用 JFrame 类的超类 Window 类的 setVisible 方法才能显示出来。例如，下面的代码片段显示图 4.3 所示的窗口。

图 4.3 JFrame 窗口示例

```
JFrame jframe=new JFrame("This is a Frame");
jframe.setBounds(100,100, 200, 200);
jframe.setVisible(true);
```

其中，setBounds 设置窗口左上角坐标及窗口的宽度和高度。

我们首先创建构建界面所需的组件，然后将其放置在主窗口上，这一工作由容器组件提供的 add 方法来完成。JFrame 对象已在其上放置了一个称为内容窗格的容器，构建界面所需的组件对象应放置在内容窗格上，一般我们首先需要获取内容窗格对象，然后调用其 add 方法。例如，下面的代码显示图 4.4 所示的窗口。

图 4.4 放置一个按钮组件的 JFrame 窗口

```
JButton button1=new JButton("按钮 1");
Container contentPane = jframe.getContentPane();
contentPane.add(button1);
```

这里 JButton 为命令按钮组件的类名，以按钮上的提示文字作为构造方法的参数。命令按钮是图形界面中非常重要的一种基本组件，当用户点击按钮时，系统自动执行与该按钮相联系的程序，从而完成预先指定的功能。

采用 JFrame 构建应用程序主窗口通常有两种方式：一种是直接创建 JFrame 对象，例如上面的程序片段；另一种是定义一个 JFrame 的派生类，创建该派生类对象，采用这种方式一般将界面的构建放在该派生类的构造方法中。程序 4.1 给出案例 1 用户界面构建的源代码，采用了第二种方式，其中使用了标签(JLabel)、按钮(JButton)两种组件。程序 4.1 的运行界面如图 4.5 所示。

图 4.5 程序 4.1 的运行界面

【程序 4.1】 案例 1 界面的初步构造。

```java
import java.awt.*;
import javax.swing.*;
public class CalculatorFrame extends JFrame {
    JLabel DisplayStr = new JLabel("0",JLabel.RIGHT);
    JButton buttons[]=new JButton[17];
    String buttonStr[] ={"7","8","9","+","4","5","6","-","1","2","3","*","0",".","=","/","CLEAR"};
    public CalculatorFrame()
    {
        super("简易计算器");
        this.setBounds(100, 200, 320, 240);
        Container contentPane = this.getContentPane();
        contentPane.setLayout(new FlowLayout());
        contentPane.add(DisplayStr);                           //计算器数值显示区
        for(int i=0;i<16;i++){                                 //前 16 个按钮
            buttons[i] = new JButton(buttonStr[i]);
            contentPane.add(buttons[i]);
        }
        buttons[16] = new JButton(buttonStr[16]);              //CLEAR 按钮
        contentPane.add(buttons[16]);
        this.setDefaultCloseOperation(EXIT_ON_CLOSE);   //关闭窗口时，程序退出
        this.setVisible(true);
    }
    public static void main(String[] args) {
        new CalculatorFrame();
    }
}
```

4.1.3 组件的布局

运行程序 4.1 可以发现，虽然标签和按钮组件都已加入到主窗口中，但并没有得到图 4.1 所要求的界面。

再观察一下程序 4.1 的代码可以发现，组件加入到容器上时并没有指定这些组件在容器上的位置，那么容器是如何决定放置的这些组件的位置呢？

由于 Java 的跨平台特性，使用 Java 编制图形界面的程序一般不采用绝对位置定位组件，而是用布局管理器来控制组件在容器中的位置。如果采用绝对位置定位组件，可能会使图形界面在不同平台下差异较大，例如一个相同的按钮组件在 Windows 平台中的高度为 25 像素，但在 Motif 平台上显示时却是 28 像素，这样在 Windows 平台上运行良好的用户界面在 Motif 平台上可能会相互挤成一团。布局管理器只允许声明组件间的相对位置、前后关系，无需指定组件的大小，这样布局管理器就可以自动调整组件显示，从而达到界面的平

台无关性。

Swing 组件库使用的布局管理器由 AWT 提供，主要有 FlowLayout、GridLayout、GridBagLayout、BorderLayout 和 CardLayout。

用户可以使用类似下面的语句来选择布局管理器：

  container.setLayout(new FlowLayout()); //container 为容器对象

实际上，程序 4.1 中我们已经使用了类似语句将内容窗格的布局管理器设置为 FlowLayout，如果将该语句删除再运行程序 4.1，主窗口将只能看到最后加入的组件。

下面逐一介绍这五种布局管理器。

1. FlowLayout

FlowLayout 布局管理器是最简单的布局管理器。它的布局原则是将组件从左向右、从上向下排列，如果这行放不下这个组件，就放入下一行。程序 4.1 采用了该布局管理器，其结果如图 4.5 所示。

FlowLayout 可设置布局的对齐方式为居中、靠左或靠右，如果缺省，则其对齐方式为居中。可以在创建 FlowLayout 对象时使用该类中定义的常量 LEFT、CENTER 和 RIGHT 指定对齐方式。例如：

  setLayout (new FlowLayout(FlowLayout.LEFT));

另外，FlowLayout 还可以设置组件间横向和纵向的间隔，缺省表示间隔 5 个像素。下面的语句将横向间隔设置为 5 个像素，纵向间隔设置为 10 个像素。

  setLayout (new FlowLayout(FlowLayout.CENTER, 5, 10);

2. GridLayout

GridLayout 布局管理器将容器划分成网格状，每一个组件按照添加的顺序从左向右、从上向下占据一个单元。在 GridLayout 中，组件添加的顺序相当重要。程序 4.2 采用 2×3 的网格布局，图 4.6 是其执行的结果。

图 4.6 GridLayout 演示

【程序 4.2】 GridLayout 布局管理器。

```
import java.awt.Container;
import java.awt.GridLayout;
import javax.swing.JButton;
import javax.swing.JFrame;

public class GridLayoutDemo extends JFrame {
```

```java
public GridLayoutDemo()
{
    super("Grid 布局管理器演示");
    this.setBounds(100,100,320,240);
    this.setDefaultCloseOperation(EXIT_ON_CLOSE);
    Container contentPane=this.getContentPane();
    contentPane.setLayout(new GridLayout(2,3,20,35));
    contentPane.add(new JButton("Button1"));
    contentPane.add(new JButton("Button2"));
    contentPane.add(new JButton("Button3"));
    contentPane.add(new JButton("Button4"));
    contentPane.add(new JButton("Button5"));
    contentPane.add(new JButton("Button6"));
    this.setVisible(true);
}
 public static void main(String[] args) {
    new GridLayoutDemo();
 }
}
```

GridLayout 的构造方法有以下几种。
- public GridLayout()：构造一个 GridLayout 布局管理器，行数为 1。
- public GridLayout(int rows, int cols)：构造一个 GridLayout 布局管理器，两个 int 类型的参数分别表示行数、列数。
- public GridLayout(int rows, int cols, int hgap, int vgap)：构造一个 GridLayout 布局管理器，前两个 int 类型的参数分别表示行数、列数，后两个 int 类型参数分别表示组件之间水平、垂直间隔像素数。

例如：

　　setLayout(new GridLayout(2, 3, 5, 10));

上述语句将横向间隔设置为 5 个像素，将纵向间隔设置成 10 个像素。

3．GridBagLayout

GridBagLayout 功能强大，是 AWT 中最复杂的布局管理器。它将容器划分成网格，允许每个组件占据一个或多个网格单元。GridBagLayout 管理的每个组件由一个 GridBagConstraints 对象安排位置。要使用 GridBagLayout 类，必须为该组件创建一个 GridBagConstraints 对象，并正确设置。GridBagConstraints 对象的主要变量成员有：

（1）gridx 与 gridy。gridx、gridy 表示放置组件的网格单元的坐标。容器左上角的网格单元坐标是 gridx=0, gridy=0。如果使用系统缺省值 GridBagConstraints.RELATIVE，那么这个组件将放置在前一个添加的组件的右边或下边。

（2）gridwidth 与 gridheight。gridwidth、gridheight 表示以网格单元为单位设置显示区域

的宽度和高度，缺省值为 1。使用 GridBagConstraints.REMAINDER 可以将组件设置为这一行或这一列中的最后一个，占据剩下的网格单元。使用 GridBagConstraints.RELATIVE 将这个组件设置成占据这一行或这一列中除最后一个以外的所有网格单元。

(3) fill。fill 设置当显示区域大于组件实际尺寸时，如何重新安排组件的大小。可以使用的值有 GridBagConstraints.NONE(缺省值)、GridBagConstraints.HORIZONTAL(将组件横向扩充以填满显示区域)、GridBagConstraints.VERTICAL(将组件纵向扩充以填满显示区域)或 GridBagConstraints.BOTH(将组件扩充以填满显示区域)。

(4) ipadx 与 ipady。ipadx、ipady 用于设置组件之间的间隔。组件间的横向间隔为 ipadx*2 个像素，纵向间隔为 ipady*2 个像素。

(5) insets。insets 用于设置组件与容器边缘之间的间隔。

(6) anchor。当组件的尺寸比显示区域小时，anchor 用来设置放置组件的位置。该属性的缺省值是 GridBagConstraints.CENTER，将组件安置在显示区域的中央。可以选择的值还有：GridBagConstraints.NORTH(中间靠上)、GridBagConstraints.SOUTH(中间靠下)、GridBag-Constraints.EAST(中间靠右)、GridBagConstraints.WEST(中间靠左)、GridBagConstraints.NORTHEAST(右上角)、GridBagConstraints.NORTHWEST(左上角)、GridBagConstraints.SOUTHEAST(右下角)和 GridBagConstraints.SOUTHWEST(左下角)。

(7) weightx 与 weighty。weightx、weighty 用于设置组件间如何分配水平和垂直方向的空间，只是一个相对值。

程序 4.3 是一个使用 GridBagLayout 进行布局的一个例子，图 4.7 是该程序运行的画面。

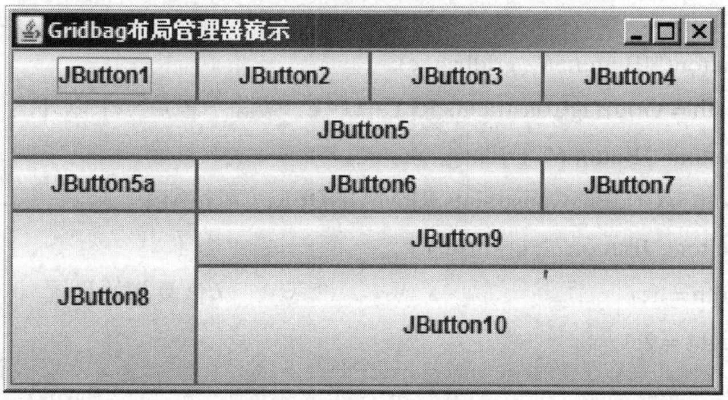

图 4.7 GridBagLayout 演示

【程序 4.3】 用 GridBagLayout 进行布局。

```
import java.awt.GridBagConstraints;
import java.awt.GridBagLayout;
import javax.swing.JButton;
import javax.swing.JFrame;

public class GridbagLayoutDemo extends JFrame
{
    void makeJButton(String name, GridBagLayout gridbag,GridBagConstraints c)
    {
```

```java
        JButton button = new JButton(name);
        gridbag.setConstraints(button, c);//设置按钮所用的 GridBagConstraints
        this.getContentPane().add(button);//将按钮放入容器
    }
    public GridbagLayoutDemo()
    {
        super("Gridbag 布局管理器演示");
        GridBagLayout gridbag = new GridBagLayout();
        GridBagConstraints c = new GridBagConstraints();
        setLayout(gridbag);
        c.fill = GridBagConstraints.BOTH;
        c.weightx = 1.0;
        makeJButton("JButton1", gridbag, c);
        makeJButton("JButton2", gridbag, c);
        makeJButton("JButton3", gridbag, c);
        c.gridwidth = GridBagConstraints.REMAINDER; //本行结束
        makeJButton("JButton4", gridbag, c);
        c.weightx = 0.0;                            //恢复初始设置
        makeJButton("JButton5", gridbag, c);         //另一行
        c.gridwidth = 1;
        makeJButton("JButton5a", gridbag, c);
        c.gridwidth = GridBagConstraints.RELATIVE;   //除了最后一个以外的网格
        makeJButton("JButton6", gridbag, c);
        c.gridwidth = GridBagConstraints.REMAINDER; //本行结束
        makeJButton("JButton7", gridbag, c);
        c.gridwidth = 1;                            //恢复初始设置
        c.gridheight = 2;
        c.weighty = 1.0;
        makeJButton("JButton8", gridbag, c);
        c.weighty = 0.0;                            //恢复初始设置
        c.gridwidth = GridBagConstraints.REMAINDER; //本行结束
        c.gridheight = 1;                           //恢复初始设置
        makeJButton("JButton9", gridbag, c);
        makeJButton("JButton10", gridbag, c);
        this.setSize(400, 200);
        this.setDefaultCloseOperation(EXIT_ON_CLOSE );
        this.setVisible(true);
    }
    public static void main(String[] args)
```

```
        {
            new GridbagLayoutDemo();
        }
    }
```

4. BorderLayout

BorderLayout 将容器分为五个区域，分别使用地理上的方向 North、South、West、East 和 Center 来表示，其中前四个方向占据容器的四边，而 Center 方向占据剩下的空白。

BorderLayout 的构造方法有两种形式：

    public BorderLayout()

    public BorderLayout(int hgap, int vgap)

第二种形式的两个 int 类型参数表示组件之间水平和垂直间隔。

程序 4.4 使用 BorderLayout 布局管理器安排 5 个按钮的位置，运行结果如图 4.8 所示。

图 4.8　BorderLayout 演示

【**程序 4.4**】　BorderLayout 的使用。

```
import java.awt.BorderLayout;
import java.awt.Container;
import javax.swing.JButton;
import javax.swing.JFrame;

public class BorderLayoutDemo extends JFrame {
    public BorderLayoutDemo()
    {
        super("BorderLayout 布局管理器演示");
        this.setSize(320, 240);
        Container contentPane=this.getContentPane();
        contentPane.setLayout( new BorderLayout());
        contentPane.add(BorderLayout.NORTH, new JButton("北"));
        contentPane.add(BorderLayout.SOUTH, new JButton("南"));
        contentPane.add(BorderLayout.WEST, new JButton("西"));
```

```
        contentPane.add(BorderLayout.EAST, new JButton("东"));
        contentPane.add(BorderLayout.CENTER, new JButton("中"));
        this.setDefaultCloseOperation(EXIT_ON_CLOSE);
        this.setVisible(true);
    }
    public static void main(String[] args) {
        new BorderLayoutDemo();
    }
}
```

JFrame 上内容窗格的默认布局管理器为 BorderLayout，如果 add 方法只给定组件参数，则默认位置为 Center。若在同一位置放置多个组件，则程序运行时只有最后添加的组件可见。

5. CardLayout

CardLayout 将每个组件看做一张卡片，一个容器中可以加入多个卡片，但每次只有一个可见。CardLayout 的构造方法有两种：

    public CardLayout()
    public CardLayout(int hgap, int vgap)

第二种形式的两个 int 类型参数表示卡片间水平和垂直方向的空白空间。

可以通过下列方法使某张卡片变为可见的：

    public void first(Container parent);   //移到指定容器的第一张卡片
    public void last(Container parent);   //移到指定容器的最后一张卡片
    public void next(Container parent);   //移到指定容器的前一张卡片
    public void previous(Container parent);   //移到指定容器的下一张卡片
    public void show(Container parent, String name);   //显示指定的卡片

程序 4.5 是一个使用 CardLayout 的简单例子，单击其上的按钮，在图 4.9 的两个画面间转换。

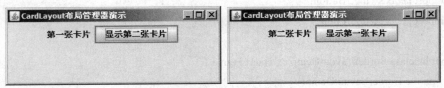

图 4.9 CardLayout 演示

【**程序 4.5**】 使用 CardLayout 的例子。

```
import java.awt.CardLayout;
import java.awt.Container;
import java.awt.event.ActionEvent;
import java.awt.event.ActionListener;

import javax.swing.JButton;
```

```java
import javax.swing.JFrame;
import javax.swing.JLabel;
import javax.swing.JPanel;

public class CardLayoutDemo extends JFrame implements ActionListener{
    JButton b1 = new JButton("显示第二张卡片");
    JButton b2 = new JButton("显示第一张卡片");
    JPanel p1 = new JPanel();
    JPanel p2 = new JPanel();
    Container contentPane;
    CardLayout cl = new CardLayout();
    public CardLayoutDemo(){
        super("CardLayout 布局管理器演示");
        this.setSize(320, 120);
        contentPane=this.getContentPane();
        contentPane.setLayout(cl);
        contentPane.add("card1",p1);      //p1 为第一张卡片
        contentPane.add("card2",p2);      //p2 为第二张卡片
        p1.add(new JLabel("第一张卡片"));
        p1.add(b1);                        //第一张卡片加入标签和按钮
        p2.add(new JLabel("第二张卡片"));
        p2.add(b2);                        //第二张卡片加入标签和按钮
        b1.addActionListener(this);
        b2.addActionListener(this);
        this.setDefaultCloseOperation(EXIT_ON_CLOSE);
        this.setVisible(true);
    }
    @Override
    public void actionPerformed(ActionEvent e){
        Object c=e.getSource();
        if(c==b1)
            cl.show(contentPane,"card2");   //显示第二张卡片
        else
            cl.show(contentPane,"card1");   //显示第一张卡片
    }
    public static void main(String[] args) {
        new CardLayoutDemo();
    }
}
```

利用布局管理器，案例 1 的界面可以实现图 4.1 的布局，程序 4.6 是实现该布局的源代码，黑体部分为新加入的代码。

【程序 4.6】 案例 1 布局的实现。

```java
import java.awt.*;
import javax.swing.*;

public class CalculatorFrame extends JFrame {
    JLabel DisplayStr = new JLabel("0",JLabel.RIGHT);
    JButton buttons[]=new JButton[17];
    String buttonStr[] ={"7","8","9","+","4","5","6","-","1","2","3","*","0",".","=","/","CLEAR"};
    public CalculatorFrame()
    {
        super("简易计算器");
        this.setBounds(100, 200, 320, 240);
        Container contentPane = this.getContentPane();

        GridBagLayout gbl = new GridBagLayout();
        GridBagConstraints gbc = new GridBagConstraints();

        contentPane.setLayout(gbl);          //设置布局管理器
        gbc.fill = gbc.BOTH;
        gbc.gridwidth = gbc.REMAINDER;
        gbl.setConstraints(DisplayStr,gbc);
        contentPane.add(DisplayStr);         //第一行为计算器显示区
        int j=0;
        gbc.anchor = gbc.CENTER;
        for(int i=0;i<16;i++){               //前 16 个按钮，每行 4 个
            j++;
            if(j==4){
                    j=0;
                    gbc.gridwidth = gbc.REMAINDER;
            }
            else
                    gbc.gridwidth = 1;
            buttons[i] = new JButton(buttonStr[i]);
            gbl.setConstraints(buttons[i],gbc);
            contentPane.add(buttons[i]);
        }
        buttons[16] = new JButton(buttonStr[16]);            //CLEAR 按钮，独占一行
```

```
        gbc.gridwidth = 4;
        gbl.setConstraints(buttons[16],gbc);

        contentPane.add(buttons[16]);
        this.setDefaultCloseOperation(EXIT_ON_CLOSE);   //关闭窗口时，程序退出
        this.setVisible(true);
    }
    public static void main(String[] args) {
        new CalculatorFrame();
    }
}
```

4.1.4 响应组件的事件

运行程序 4.6 虽然能够显示案例 1 要求的图形界面，但当我们单击其中的按钮时，程序并没有进行响应来实现需要完成的功能。AWT 和 Swing 组件检测用户的鼠标、键盘动作，并将相关的信息封装到一个事件对象中传递给事件处理程序。当然事件不仅仅是指鼠标或键盘动作，它只是指一个状态的改变，或者一个活动的发生，例如用户单击窗口关闭命令按钮，产生窗口关闭事件。产生事件的组件称为事件源，例如用户产生单击事件，事件源组件就是按钮。对事件的响应，需要按照组件事件的响应框架编写事件响应程序，当组件检测到某个特定事件发生时能够调用事件响应程序。

1. 事件响应的一般方法

Java 1.1 及以后的版本中，AWT 事件处理采用委托模型，Swing 组件库也使用该事件响应模型。在程序中组件可以委托某一个对象处理特定的事件，该对象必须已实现指定的事件监听器接口。当组件检测到某一个事件时，即通知该对象调用指定的方法来处理该事件。因此要处理某一事件至少需要完成下面两件事：

(1) 定义一个类实现事件监听器接口。例如，当用户单击命令按钮，则该命令按钮产生动作事件(ActionEvent)，如果希望响应该事件，则需实现 ActionListener 接口。

(2) 登记事件监听器接口。即委托某个实现了监听器接口的类对象处理指定事件。例如，响应命令按钮的动作事件需调用 addActionListener 方法：

    button.addActionListener(obj);

这里，button 为命令按钮对象，obj 是(1)中所定义的类对象。

当然，如果不再需要监听该事件，也可以移去事件监听器。移去事件监听器可采用 removeActionListener 方法，例如：

    button.removeActionListener(obj);

这里的 obj 应与 addActionListener 调用的参数为同一个对象。

ActionListener 接口只有一个方法：

    public void actionPerformed(ActionEvent e);

其中，参数 e 为 ActionEvent 类对象。在 actionPerformed 方法体中，可以调用 e.getSource()

方法来获取事件源,即引发动作事件的按钮对象,也可以调用 e.getActionCommand 方法来获取为这个事件设置的命令名,缺省的命令名为按钮上的提示文字,按钮组件创建后可以调用 setActionCommand 方法为按钮设置一个命令名。

不同类别的事件需要实现不同的事件接口,如果需要响应其他类型的事件,只需实现对应的接口,并使用对应的方法成员登记事件监听器。Java 1.1 以后版本的事件处理相关的类在包 java.awt.event 中,可使用 import 语句引入需要的类和接口:

    import java.awt.event.*;

事件主要用于处理用户的输入,对大部分 AWT 和 Swing 组件,一般不会响应原始的鼠标或键盘输入事件,组件会对原始的鼠标、键盘事件进行翻译,产生组件所特有的事件。例如单击鼠标命令按钮,则 AWT 会产生动作事件,用户无需直接响应鼠标事件。

程序 4.7 演示了如何响应命令按钮的动作事件,图 4.10 为该程序执行时的画面,在主窗口中显示三个命令按钮,单击按钮后显示不同的信息。该例演示了响应按钮组件命令事件的步骤:

(1) 实现事件监听接口。本例实现了 ActionListener 接口,该接口包含一个方法 actionPerformed。

(2) 登记事件监听器:button1.addActionListener(this);。该语句委托 this(当前容器)监听 button1 的动作事件。

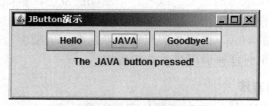

图 4.10　按钮动作事件响应演示

【程序 4.7】　命令按钮的使用方法。

```
import java.awt.Container;
import java.awt.FlowLayout;
import java.awt.event.ActionEvent;
import java.awt.event.ActionListener;
import javax.swing.JButton;
import javax.swing.JFrame;
import javax.swing.JLabel;
public class ButtonDemo extends JFrame implements ActionListener
{
    JButton button1=new JButton("Hello");
    JButton button2=new JButton("JAVA");
    JButton button3=new JButton("Goodbye!");
    JLabel lbl=new JLabel("No button pressed");
    String str=null;
```

```java
    public ButtonDemo()
    {
        super("JButton 演示");
        this.setSize(320, 120);
        Container cntPane = this.getContentPane();
        cntPane.setLayout(new FlowLayout());
        cntPane.add(button1);
        cntPane.add(button2);
        cntPane.add(button3);
        cntPane.add(lbl);
        button1.addActionListener(this);
        button2.addActionListener(this);
        button3.addActionListener(this);
        this.setDefaultCloseOperation(EXIT_ON_CLOSE);
        this.setVisible(true);
    }
    public static void main(String[] args)
    {
        new ButtonDemo();
    }
    public void actionPerformed(ActionEvent e)
    {
        str=e.getActionCommand();
        lbl.setText("The   "+str+"   button pressed!");
    }
}
```

2. 常见事件及事件监听器

在 java.awt.event 包中定义了 AWT 和 Swing 组件库中各组件产生的各种类型的事件对应的事件监听器接口及接口声明的方法。对于形如 xxxListener 的事件监听器接口，对应的事件类名称为 xxxEvent，登记事件监听器的方法名为 addxxxListener，移去事件监听器的方法名为 removexxxListener。

部分事件监听器接口声明了多个方法，分别用来响应该类事件中不同子类型的事件。例如窗口事件(WindowEvent)，当一个窗口被激活、撤销激活、打开、关闭、最大化、最小化时，均发生窗口事件。WindowListener 接口声明了 windowActivated、windowDeactivated、windowOpened、windowClosing、windowClosed、windowIconified、windowDeiconified 等方法分别来处理这些不同的子类型事件。

对于组件产生的事件，我们并不需要对所有事件都作出响应，应根据程序的功能需要有选择地进行响应，如表 4.1 所示。

表 4.1 事件监听器接口及方法

接口名称	接口声明的方法	描 述 信 息
ActionListener	actionPerformed(ActionEvent)	点击按钮、点击菜单项、文本框按回车等动作
ItemListener	itemStateChanged(ItemEvent)	选择可选项的项目
TextListener	textValueChanged(TextEvent)	改变文本部件内容
AdjustmentListener	adjustmentVlaueChanged(AdjustmentEvent)	移动滚动条等组件
MouseMotionListener	mouseDragged(MouseEvent) mouseMoved(MouseEvent)	鼠标移动
MouseListener	mousePressed(MouseEvent) mouseReleased(MouseEvent) mouseEntered(MouseEvent) mouseExited(MouseEvent) mouseClicked(MouseEvent)	鼠标点击等
KeyListener	keyPressed(KeyEvent) keyReleased(KeyEvent) keyTyped(KeyEvent)	键盘输入
FocusListener	focusGained(FocusEvent) focusLost(FocusEvent)	组件收到或失去焦点
ComponentListener	componentMoved(ComponentEvent) componentHidden(ComponentEvent) componentResized(ComponentEvent) componentShown(ComponentEvent)	组件移动、缩放、显示/隐藏等
WindowListener	windowClosing(WindowEvent) windowOpened(WindowEvent) windowIconified(WindowEvent) windowDeiconified (WindowEvent) windowClosed(WindowEvent) windowActivated(WindowEvent) windowDeactivated(WindowEvent)	窗口事件
ContainerListener	componentAdded(ContainerEvent) componentRemoved(ContainerEvent)	容器增加/删除组件

程序 4.8 在程序 4.6 的基础上添加了事件的响应,实现了案例 1 要求的计算器功能。完整的程序应包含程序 3.25 中的 Calculator.java,这里不再重复给出。

第 4 章 图形用户界面

除了响应按钮的命令事件外，程序 4.8 还处理了键盘输入事件，用户可以通过键盘上的按键使用计算器的功能。KeyListener 接口用于响应键盘事件，该接口包含下面几个方法：
- public void keyPressed(KeyEvent e);   //某一键被按下
- public void keyReleased(KeyEvent e);   //某一键被释放
- public void keyTyped(KeyEvent e);   //输入一键

登记和移除 KeyListener 分别使用方法 addKeyListener、removeKeyListener。

【程序 4.8】 加入事件响应的案例 1 实现。

```java
import java.awt.*;
import javax.swing.*;
import java.awt.event.*;

public class CalculatorFrame extends JFrame implements KeyListener, ActionListener
{
    Calculator cal = new Calculator();

    JLabel DisplayStr = new JLabel("0",JLabel.RIGHT);
    JButton buttons[]=new JButton[17];
    String buttonStr[] ={"7","8","9","+","4","5","6","-","1","2","3","*","0",".","=","/","CLEAR"};

    public CalculatorFrame()
    {
    super("简易计算器");
    this.setBounds(100, 200, 320, 240);
    Container contentPane = this.getContentPane();

    GridBagLayout gbl = new GridBagLayout();
    GridBagConstraints gbc = new GridBagConstraints();

    contentPane.setLayout(gbl);         //设置布局管理器

    gbc.fill = gbc.BOTH;
    gbc.gridwidth = gbc.REMAINDER;
    gbl.setConstraints(DisplayStr,gbc);
    contentPane.add(DisplayStr);        //第二行为计算器显示区

    int j=0;
    gbc.anchor = gbc.CENTER;
    for(int i=0;i<16;i++){              //前 16 个按钮
```

```java
            j++;
            if(j==4){
                j=0;
                gbc.gridwidth = gbc.REMAINDER;
            }
            else
                gbc.gridwidth = 1;

            buttons[i] = new JButton(buttonStr[i]);
            gbl.setConstraints(buttons[i],gbc);
            buttons[i].addActionListener(this);          //登记事件监听器
            buttons[i].addKeyListener(this);
            contentPane.add(buttons[i]);
        }

        buttons[16] = new JButton(buttonStr[16]);        //CLEAR 按钮
        gbc.gridwidth = 4;
        gbl.setConstraints(buttons[16],gbc);
        buttons[16].addActionListener(this);             //登记事件监听器
        buttons[16].addKeyListener(this);
        contentPane.add(buttons[16]);
        this.setDefaultCloseOperation(EXIT_ON_CLOSE);    //关闭窗口时，程序退出
        addKeyListener(this);
        this.setVisible(true);
    }

    public static void main(String[] args) {
        new CalculatorFrame();
    }

    public void actionPerformed(ActionEvent e) {
        Object c = (Object)e.getSource();
        if(c==buttons[16]){
            cal.init();
            DisplayStr.setText(cal.DisplayStr);
            return;
        }
        String input = e.getActionCommand();
        cal.KeyProcess(input.charAt(0));
        DisplayStr.setText(cal.DisplayStr);
```

```
}
public void keyPressed(KeyEvent arg0) {}
public void keyReleased(KeyEvent arg0) {}
public void keyTyped(KeyEvent arg0) {
    cal.KeyProcess(arg0.getKeyChar());
    DisplayStr.setText(cal.DisplayStr);
}
}
```

3. 事件适配器

程序 4.8 中只响应按键输入事件，但是为了实现 KeyListener 接口必须实现三个方法，而 keyPressed、keyReleased 方法对程序 4.8 来说没有实际意义。为了减少类似这种情况的不必要的代码，Java 类库提供了事件适配器类，事件适配器实现了指定的事件监听器接口，我们在使用时只需从指定的事件适配器类派生出一个子类，重写其中我们需要响应的子类型事件对应的方法即可，对其余方法无需重写。

程序 4.9 演示了事件适配器的使用，当用户点击主窗口的关闭按钮式，在控制台显示"The window is closing..."，然后退出。

【程序 4.9】 事件适配器使用方法演示。

```
import java.awt.event.WindowAdapter;
import java.awt.event.WindowEvent;
import javax.swing.JFrame;
public class AdapterDemo extends WindowAdapter {
    public AdapterDemo()
    {
        JFrame jf=new JFrame("事件适配器演示");
        jf.setBounds(100,100,200,100);
        jf.addWindowListener(this);
        jf.setVisible(true);
    }
    public void windowClosing(WindowEvent e)
    {
        System.out.println("The window is closing...");
        System.exit(0);
    }
    public static void main(String[] args) {
        new AdapterDemo();
    }
}
```

对表 4.1 中包含多个方法的事件监听器接口均定义了相应的事件适配器，如表 4.2 所示。

表 4.2　AWT 定义的事件适配器

监听器接口	对应适配器	说　　明
MouseListener	MouseAdapter	鼠标事件适配器
MouseLotionListener	MouseMotionAdapter	鼠标运动事件适配器
WindowListener	WindowAdapter	窗口事件适配器
FocusListener	FocusAdapter	焦点事件适配器
KeyListener	KeyAdapter	键盘事件适配器
ComponentListener	ComponentAdapter	组件事件适配器
ContainerListener	ContainerAdapter	容器事件适配器

4. 使用匿名类监听事件

如果某个方法只响应一个组件对象产生的事件，无需采用类定义的完整形式，可以通过匿名类来简化程序的结构。有关内部类及匿名类的详细语法这里不详细介绍，仅简单介绍如何使用匿名类实现事件的监听。

匿名类没有名字，只会使用一次，下面的代码创建了一个匿名类对象，该匿名类派生自 KeyAdapter 类，并覆盖了其 keyPressed 方法。

```
new KeyAdapter() {            //匿名类开始
    public void keyPressed(KeyEvent e)
    {
        …//此处为事件处理代码
    }
}
```

下面的代码为按钮对象 button 指定动作事件的响应程序：

```
button.addActionListener(new ActionListener()
{
    public void actionPerformed(ActionEvent e)
    {
        //动作事件的响应代码
    }
}
);
```

4.2　菜单与对话框

4.2.1　案例 2：简易文本编辑器

图形用户界面的应用程序主窗口通常采用下拉式的主菜单来组织程序的功能选项，本节案例将实现一个简易文本编辑器的图形界面，如图 4.11 所示。

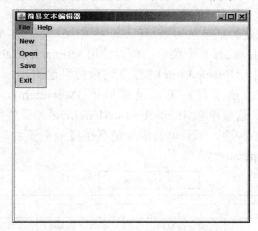

图 4.11　文本编辑器的图形界面

4.2.2　建立主菜单

建立窗口后，就要考虑给窗口添加菜单条。Swing 中的菜单由三个类来实现，分别是 JMenuBar、JMenu 和 JMenuItem，分别对应菜单条、菜单和菜单项。

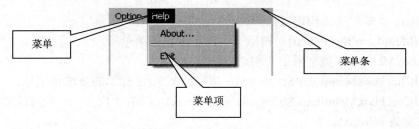

图 4.12　菜单结构示意图

JMenuBar 的构造方法是 JMenuBar()，相当简单。构造之后，可调用 JFrame 类的方法成员 setJMenuBar 将它设置成窗口的菜单条。例如：

JMenuBar mb = new JMenuBar();

jframe.setJMenuBar(mb);

这里的 jframe 为 JFrame 类的对象。

添加菜单条并不会显示任何菜单，还需要在菜单条中添加菜单。菜单 JMenu 类的构造方法有以下四种：

- public JMenu()：构造一个无标识菜单。
- public JMenu(Action a)：构造一个菜单，菜单属性由相应的动作来提供。
- public JMenu(String label)：用给定的标识构造一个菜单。
- public JMenu(String label, boolean tearOff)：用给定的标识构造一个菜单。参数 teatOff 如果为 false，释放鼠标按钮后菜单项会消失；如果为 true，那么释放鼠标按钮后，菜单项将仍显示。

JMenu 对象构造后，使用 JMenuBar 类的 add 方法添加到菜单条中。例如：

JMenu fm = new JMenu("File");
　　mb.add(fm);
这里的 mb 为前面创建的菜单条对象。

有时可能需要阻止用户选择某个菜单,可以使用 setEnabled(false)方法使这个菜单成为不可选的,需要时再使用 setEnabled(true)方法使它成为可选的。

最后需要往菜单中添加项目,可以是菜单项(JMenuItem),也可以是复选菜单项(JCheckboxMenuItem)、单选菜单项(JRadioButtonMenuItem)、子菜单(JMenu)或者分隔行。图 4.13 为菜单类的层次结构图。子菜单的添加是直接将一个子菜单添加到母菜单中,而分隔行的添加可调用 addSeperator()方法。

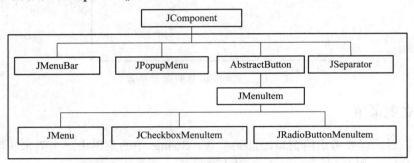

图 4.13　菜单类的层次结构图

JMenuItem 类最常用的构造方法形式为:
public JMenuItem(String text):构造一个指定标识的菜单项。
JCheckboxMenuItem 类常用的的构造方法分别是:
public JCheckboxMenuItem(String text):构造一个指定标识的复选菜单项。
public JCheckboxMenuItem(String text, boolean selected):构造一个指定标识的复选菜单项,初始状态为 selected。
JRadioButtonMenuItem 与 JCheckboxMenuItem 类似,常用的构造方法形式为:
public JRadioButtonMenuItem(String text):构造一个指定标识的单选菜单项。
public JRadioButtonMenuItem(String text, boolean selected):构造一个指定标识的单选菜单项,初始状态为 selected。

JMenuItem 类、JCheckboxMenuItem 类、JRadioButtonMenuItem 类的构造方法还有其他几种形式,这里不再详细介绍,有兴趣的读者可参考有关 Java API 的资料。

一组单选菜单项需要包含在一个 ButtonGroup 按钮组中,由一个 ButtonGroup 对象对组中单选菜单项的状态进行管理,确保该组单选菜单项只有一项为选中状态。

程序 4.10 简单演示了 JCheckboxMenuItem、JRadioButtonMenuItem、ButtonGroup 的使用,其构建的菜单如图 4.14 所示。

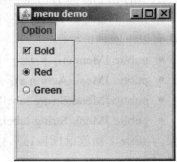

图 4.14　复选菜单项、单选菜单项的演示

【程序 4.10】 复选菜单项、单选菜单项的演示。

```java
import javax.swing.ButtonGroup;
import javax.swing.JCheckBoxMenuItem;
import javax.swing.JFrame;
import javax.swing.JMenu;
import javax.swing.JMenuBar;
import javax.swing.JRadioButtonMenuItem;

public class MenuDemo {
    public static void main(String[] args) {
        JFrame jf=new JFrame("menu demo");
        JMenuBar mb=new JMenuBar();
        jf.setJMenuBar(mb);
        JMenu op=new JMenu("Option");
        mb.add(op);
        JCheckBoxMenuItem fnt=new JCheckBoxMenuItem("Bold");
        op.add(fnt);
        op.addSeparator();
        JRadioButtonMenuItem clRed=new JRadioButtonMenuItem("Red",true);
        JRadioButtonMenuItem clGreen=new JRadioButtonMenuItem("Green",false);
        ButtonGroup bgp=new ButtonGroup();
        bgp.add(clRed);
        bgp.add(clGreen);
        op.add(clRed);
        op.add(clGreen);
        jf.setSize(200,200);
        jf.setVisible(true);
    }
}
```

选择某一菜单项将产生 Action 事件，可以通过实现 ActionListener 接口来响应。对于单选菜单项和复选菜单项还可以实现 ItemListener 接口监听 ItemEvent 事件，当单选和复选菜单项选中状态发生变化时将触发该事件。

程序 4.11 为案例 2 添加了菜单条，并响应了部分菜单项的事件。

【程序 4.11】 案例 2 菜单构建的源代码。

```java
import java.awt.GridLayout;
import java.awt.event.ActionEvent;
import java.awt.event.ActionListener;
import javax.swing.JFrame;
import javax.swing.JMenu;
```

```java
import javax.swing.JMenuBar;
import javax.swing.JMenuItem;
import javax.swing.JTextArea;

public class TextEdit extends JFrame {
    JTextArea txtEditArea = new JTextArea();

    JMenuItem newFile = new JMenuItem("New");       //创建菜单项
    JMenuItem openFile = new JMenuItem("Open");
    JMenuItem saveFile = new JMenuItem("Save");
    JMenuItem about=new JMenuItem("About...");
    JMenuItem exitmenu=new JMenuItem("Exit");

    public TextEdit()
    {
        super("简易文本编辑器");
        setBounds(100, 100, 400, 400);

        JMenuBar mb = new JMenuBar();            //创建菜单条
        setJMenuBar(mb);                         //设置为窗口的菜单条
        JMenu fMenu = new JMenu("File");         //创建菜单项
        mb.add(fMenu);                           //加入菜单条
        fMenu.add(newFile);
        fMenu.add(openFile);
        fMenu.add(saveFile);
        fMenu.addSeparator();
        fMenu.add(exitmenu);
        JMenu hlp=new JMenu("Help");
        mb.add(hlp);
        hlp.add(about);
        newFile.addActionListener(
            new ActionListener(){
                public void actionPerformed(ActionEvent ae)
                {
                    //完成文件的新建功能
                }
            });                                  //登记事件监听器
        openFile.addActionListener(
            new ActionListener(){
```

```java
            public void actionPerformed(ActionEvent ae)
                {
                    //完成打开文件的功能
                }
        }
    );
    saveFile.addActionListener(
            new ActionListener(){
                public void actionPerformed(ActionEvent ae) {
                    //完成文件的保存功能
                }
            }
    );

    exitmenu.addActionListener(
            new ActionListener(){
                public void actionPerformed(ActionEvent ae) {
                        setVisible(false);
                        System.exit(0);   //退出
                }
            }
    );
    about.addActionListener(
            new ActionListener(){
                public void actionPerformed(ActionEvent ae) {
                    //显示 About 对话框
                }
            }
    );

    this.getContentPane().setLayout(new BorderLayout());
    this.getContentPane().add(txtEditArea,BorderLayout.CENTER);
    this.setDefaultCloseOperation(EXIT_ON_CLOSE);
    this.setVisible(true);
}
public static void main(String[] args) {
    new TextEdit();
}
}
```

4.2.3 快捷菜单的使用

图形用户界面应用程序中菜单常见的另一种形式是快捷菜单，或者称为弹出式菜单，通常由单击鼠标右键触发，Swing 组件库中的 JPopupMenu 可用来实现快捷菜单。

JPopupMenu 类的常用方法主要有：
- public JMenuItem add(JMenuItem menuItem)：将指定菜单项添加至菜单末尾。
- public JMenuItem add(Strings)：使用指定文本新建菜单项，并将其添加至菜单末尾。
- public void show(Component c, int x, int y)：在组件"c"的坐标空间的 (x, y) 位置显示弹出式菜单。

下面的代码片段演示了构建快捷菜单的基本方法，将这段代码加到程序 4.11 的构造方法中，程序运行时在文本编辑区右击鼠标，则弹出快捷菜单。

```
final JPopupMenu popmenu=new JPopupMenu();
JMenuItem cpyMenu=new JMenuItem("copy");
JMenuItem pstMenu=new JMenuItem("paste");
popmenu.add(cpyMenu);
popmenu.add(pstMenu);
txtEditArea.addMouseListener(new MouseAdapter() {
    public void mouseClicked(MouseEvent e) {
        if(e.getModifiers()==Event.META_MASK)//判断是否为鼠标右键
            popmenu.show(txtEditArea, e.getX(), e.getY());
    }
});
```

4.2.4 自定义对话框

对话框是图形用户界面程序常用的一种窗口，用于显示提示信息或接收用户输入。对话框一般没有菜单条，也不需要改变窗口大小。对话框不能独立存在，它依赖于其他的窗口。程序设计中一些通用功能的对话框如打开文件、颜色选择等，Swing 类库已提供了标准的实现，无需程序员自行设计，而一般的对话框需要采用 JDialog 类来实现。

JDialog 类的构造方法有多种，下面介绍几种常用的形式：
- public JDialog(Frame owner, boolean modal)
- public JDialog(Dialog owner, boolean modal)

上述语句表示构造一个对话框。参数 owner 代表对话框的拥有者，参数 modal 用于控制对话框的工作方式。如果为 true，该对话框为模式对话框。模式对话框出现后，只允许用户对该对话框操作，只有该对话框关闭后，才能继续其他的操作。
- public JDialog(Frame owner, String title, boolean modal)
- public JDialog(Dialog owner, String title, boolean modal)

上述语句表示构造一个对话框，参数 title 为对话框的标题。
- public JDialog()

上述语句表示创建一个没有标题且没有指定 Frame 所有者的无模式对话框。
- public JDialog(Dialog owner)
- public JDialog(Dialog owner, String title)
- public JDialog(Frame owner)
- public JDialog(Frame owner, String title)
- JDialog(Window owner)

以上几个构造方法用于创建一个无模式对话框。

创建对话框后，就可以添加其他的组件，调用 setVisilbe(true)显示对话框。下面是一个简单的例子：

```
JDialog dl = new JDialog(window, "Change Title", true);
TextField tf = new JTextField(window.getTitle(), 25);
dl.add(tf);
dl.add(new JButton("OK"));
dl.resize(200,75);
dl.setVisble(true);
```

JDialog 类以及前面介绍的 JFrame 类在窗口位置、大小、状态发生变化时，都会产生 Window 事件，可以通过实现 WindowListener 接口来响应。

程序 4.12 为案例 2 定义了一个"About"对话框，只要将下面几行代码插入程序 4.11 中，About 菜单的事件处理程序中即可显示一个简单的对话框：

```
//显示 About 对话框
AboutDialog dlgAbout = new AboutDialog(TextEdit.this);
dlgAbout.setVisible(true);
```

【程序 4.12】 案例 2 关于对话框的源代码。

```java
import java.awt.*;
import java.awt.event.*;
import javax.swing.JButton;
import javax.swing.JDialog;
import javax.swing.JFrame;
import javax.swing.JLabel;
public class AboutDialog extends JDialog {
    public AboutDialog(JFrame owner) {
        super(owner,"About",true);
        setBounds(200,200,200,100);
        Container cntPane=this.getContentPane();
        cntPane.setLayout(new FlowLayout());
        JLabel lblTitle = new JLabel("A Simple Text Editor");
        cntPane.add(lblTitle);
        JButton btnOk = new JButton("Ok");
        cntPane.add(btnOk);
```

```
            btnOk.addActionListener(
                new ActionListener(){
                    public void actionPerformed(ActionEvent e)
                    {
                        setVisible(false);
                    }
                }
            );
        }
    }
```

4.2.5 JOptionPane 标准对话框

Swing 提供了 JOptionPane 类来实现简单的信息显示、问题警告或确认、参数输入等功能，只需利用 JOptionPane 类中的类方法来生成各种标准的模式对话框即可。

1. 消息对话框(MessageDialog)

常用静态方法 showMessageDialog 来显示一个消息对话框：
- public static void showMessageDialog(Component parentComponent, Object message)；
- public static void showMessageDialog(Component parentComponent, Object message, String title, int messageType)；
- public static void showMessageDialog(Component parentComponent, Object message, String title, int messageType, Icon icon)。

其中，参数的含义如下：
- parentComponent：指示对话框的父窗口对象，一般为当前窗口，也可以为 null，即采用缺省的 Frame 作为父窗口，此时对话框将设置在屏幕的正中间。
- message：指示要在对话框内显示的描述性的文字。
- title：标题条文字串。
- messageType：指定对话框显示的消息类型，例如错误(ERROR_MESSAGE)、信息(INFORMATION_MESSAGE)、警告(WARNING_MESSAGE)、疑问(QUESTION_MESSAGE)。如果方法不包含 messageType，则默认的消息类型是信息消息类型。
- icon：在对话框内要显示的图标。

例如，下面的语句显示如图 4.15 所示的对话框：

    JOptionPane.showMessageDialog(null, "Hello!","Welcome", JOptionPane.
                       INFORMATION_ MESSAGE);

图 4.15 消息对话框

2. 确认对话框(ConfirmDialog)

常用静态方法 showConfirmDialog 来显示一个确认对话框：
- public static int showConfirmDialog(Component parentComponent, Object message);
- public static int showConfirmDialog(Component parentComponent, Object message, String title, int optionType);
- public static int showConfirmDialog(Component parentComponent, Object message, String title, int optionType, int messageType);
- public static int showConfirmDialog(Component parentComponent, Object message, String title, int optionType, int messageType, Icon icon)。

其中，参数 optionType 指定对话框选项的模式：
- YES_NO_OPTION 时，确认对话框只包含"是"、"否"按钮。
- YES_NO_CANCEL_OPTION 时，确认对话框包含"是"、"否"、"取消"按钮。

如果方法中不包含 optionType 参数，系统默认模式是 JOptionPane.YES_NO_OPTION。其余参数的含义与 showMessageDialog 方法的相同。

该方法的返回值表示用户的选择，用户单击"是"按钮返回 0，单击"否" 返回 1，单击"取消"返回 2。

下面的语句显示图 4.16 所示的确认对话框：

> JOptionPane.showConfirmDialog(null, "Are you OK?","Confirm", JOptionPane.
> YES_NO_CANCEL_OPTION);

图 4.16 确认对话框

3. 输入对话框(InputDialog)

常用静态方法 showInputDialog 来显示一个文本输入对话框，其常用的形式如下：
- public static String showInputDialog(Component parentComponent,Object message);
- public static String showInputDialog(Component parentComponent,Object message, Object initialSelectionValue);
- public static String showInputDialog(Component parentComponent, parentComponent,Object message, String title,int messageType);
- public static String showInputDialog(Component parentComponent,Object message, String title,int messageType,Icon icon, Object[] selectionValue,Object initialSelectionValue)。

其中，参数的含义如下：
- initialSelectionValue：指定在文本框中显示的初始字符串。
- selectionValue：指定候选字符串数组。

其余参数的含义与 showMessageDialog 成员方法的相应参数含义相同。若不含

messageType 参数，默认为疑问消息。若不包含 title 参数，默认标题是"输入"。方法的返回值为用户输入的字符串，若用户单击"取消"按钮，则返回 null。

例如，下面的语句显示如图 4.17 所示的对话框：

JOptionPane.showInputDialog(null, "Please enter your name?");

图 4.17 字符串输入对话框

下面的语句显示图 4.18 所示的对话框，其中使用了参数 selectionValue 指定候选字符串数组，对话框中显示一个下拉列表让用户进行选择：

String [ ] s = {"男", "女"};
JOptionPane.showInputDialog(null, "性别", "输入",
JOptionPane.QUESTION_MESSAGE, null, s, s[0]);

图 4.18 字符串输入对话框

4. 选项对话框(OptionDialog)

常用静态方法 showOptionDialog 来显示一个用户定制的选项对话框，允许用户设置对话框中按钮的个数并返回用户点击各个按钮的序号。例如，下面的语句显示图 4.19 所示的对话框：

Object[] options = {"确定","取消","帮助"};
int response=JOptionPane.showOptionDialog(this, "这是一个选项对话框，用户可以选择自己的按钮的个数", "选项对话框标题", JOptionPane.YES_OPTION,
JOptionPane.QUESTION_ MESSAGE, null, options, options[0]);

图 4.19 用户定制对话框

若用户单击"确定"按钮,则 response 变量值为 0;若单击"取消"按钮,则 response 变量值为 1;若单击"帮助"按钮,则 response 变量值为 2。

4.3 Swing 常用组件简介

4.3.1 Swing 组件分类

Swing 组件库定义了大量的 GUI 组件,从图 4.2 组件类间的继承关系可以知道,Swing 组件可分成两种类型:一种是 Window 类,主要包括一些可以独立显示的组件,这些组件无需托付在其他组件上就可以显示,例如 JFrame 类;另一种是 JComponent 类,主要包括了一些不能独立显示的组件,这些组件必须依靠可独立显示的组件来显示,例如文本框组件、按钮组件。

按照功能划分,Swing 组件库中的组件可分为三种类型:顶层组件、中间组件、基本组件。顶层组件又称为顶层容器,而中间组件又分为中间容器和特殊中间组件,如图 4.20 所示。

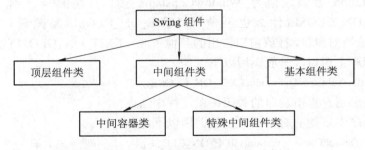

图 4.20 Swing 组件按功能分类的示意图

顶层容器是可以独立显示的组件,Window 类可独立显示的组件均为顶层容器,如 JFrame、JApplet、JDialog、JWindow 等;中间容器指那些可以充当载体,但不可独立显示的组件,也就是说一些基本组件可以放在其中,但是它不能独立显示,必须要依托在顶层容器内才可以显示,如 JPanel、JScrollPane、JSplitPane、JToolbar 等;特殊中间组件指在图形用户界面上起特殊作用的中间层,如 JInternalFrame、JLayeredPane、JRootPane 等,它们其实也是中间容器类中的一种,只不过它们在图形上更加能够起到美化和专业化的作用;基本组件指实现人机交互的组件,如 JButton、JComboBox、JList、JMenu、JSlider、JTextField 等。

Swing 类库中组件数量众多,本节只介绍部分基础或常用的组件。

4.3.2 JFrame 与 JDialog

基于 Swing 的图形界面至少要有一个顶层容器。容器与其所包含的组件形成了树状包含层次结构,顶层容器就是这个包含层次结构的根。每一个顶层容器都有一个内容面板,该内容面板为前述中间容器类组件,其中可以包含很多界面中所需要的组件。在顶层容器中,可以添加菜单组件,而菜单组件一般放在顶层容器中,它和内容面板是并行的。

JFrame 与 JDialog 是图形用户界面应用程序最常用的顶层容器,这两个组件在本章前面的例子中均已出现，它采用 JFrame 作为应用程序的主窗口，而 JDialog 是创建对话框窗口的主要类。

对 JFrame、JDialog 添加组件有两种方式：

(1) 用 getContentPane( )方法获得 JFrame 的内容面板，再对其加入组件。例如：

  frame.getContentPane().add(childComponent);

(2) 建立一个 JPanel 或 JDesktopPane 之类的中间容器，把组件添加到容器中，用 setContentPane()方法把该容器置为 JFrame 的内容面板。例如：

  Jpanel contentPane=new JPanel( );

  ……//把其它组件添加到 JPanel 中；

  frame.setContentPane(contentPane); //把 contentPane 设置为 frame 的内容面板

JFrame 和 JDialog 均为 Window 类的派生类，当窗口的状态发生变化时会触发 WindowEvent。JFrame 和 JDialog 提供了 setDefaultCloseOperation 方法，用以指定窗口关闭事件的处理方式，也就是说如果只需处理窗口关闭事件且采用默认的几种处理方式之一，则无需实现 WindowListener，只需调用该方法即可。该方法形式为：

  public void setDefaultCloseOperation(int operation)

其中，operation 参数取值为 WindowConstants 接口声明的 4 个常量，分别为：DO_NOTHING_ON_CLOSE(什么也不做)、HIDE_ON_CLOSE(隐藏窗口)、DISPOSE_ON_CLOSE(隐藏当前窗口，释放窗口占用的其他资源)、EXIT_ON_CLOSE(结束程序运行)。

对于应用程序主窗口，一般调用以下语句：

  jframe.setDefaultCloseOperation(EXIT_ON_CLOSE); //结束程序运行

上述语句表示用户点击窗口的关闭按钮，程序结束。

而对应用程序中出现的对话框，一般调用以下语句：

  jdialog.setDefaultCloseOperation(HIDE_ON_CLOSE); //隐藏对话框

上述语句表示当用户点击对话框的关闭按钮时，只是隐藏该对话框，以免当程序再次显示该对话框时需要重新创建对话框对象。

JFrame 和 JDialog 还提供了一些修改和获取属性值的方法，例如：获取/设置窗口标题 (getTile/setTitle)、获取/设置窗口的大小(getSize/setSize)等，这里不再赘述，读者可参考 JDK 帮助文档。

4.3.3 文本显示和编辑组件

应用程序经常需要文本显示与编辑功能，Swing 组件库提供了相关的组件类。JLabel 用以显示文本，并且提供了显示图标的能力。常用的文本编辑组件主要有：JTextField、JPasswordField 和 JTextArea，分别提供单行文本、密码和多行文本的编辑功能。

1. 文本显示

文本显示组件 JLabel 可以说是 Swing 组件库中最基础的组件，其构造方法的形式为：

- public JLabel()
- public JLabel(Icon image)
- public JLabel(Icon image, int horizontalAlignment)

- public JLabel(String text)
- public JLabel(String text, Icon image, int horizontalAlignment)
- public JLabel(String text, int horizontalAlignment)

其中，参数的含义为：
- image：要显示的图标。
- text：显示的文本内容。
- horizontalAlignment：水平对齐方式。

创建 JLabel 组件后可以通过 JLabel 类的方法成员操纵该组件，例如：
- public String getText()：返回该标签所显示的文本字符串。
- public void setText(String text)：定义此组件将要显示的单行文本。
- public Icon getIcon()：返回该标签显示的图形图像(字形、图标)。
- public void setIcon(Icon icon)：定义此组件将要显示的图标。

程序 4.13 演示了使用 JLabel 显示文字和图像的方法，其运行结果如图 4.21 所示。

【程序 4.13】 JLabel 演示。

```
import java.awt.*;
import java.awt.event.*;
import javax.swing.*;

public class JLabelDemo
{
    public static void main(String[] args) {
        JFrame f = new JFrame("JLabel Demo");
        Container contentPane = f.getContentPane();
        Icon icon = new ImageIcon("hello.jpg");
        JLabel label = new JLabel("Hello", icon, JLabel.CENTER);
        label.setHorizontalTextPosition(JLabel.CENTER);
        label.setVerticalTextPosition(JLabel.TOP);
        contentPane.add(label);
        f.pack();
        f.setVisible(true);
        f.addWindowListener(new WindowAdapter()
        {
            public void windowClosing(WindowEvent e)
            {
                System.exit(0);
            }
        });
    }
}
```

图 4.21　JLabel 演示

2. 文本编辑

单行文本编辑组件 JTextField 与多行文本编辑组件 JTextArea 都是 JTextComponent 的派生类，而密码输入组件 JPasswordField 为 JTextField 的派生类。JTextComponent 提供了一些实用方法，使得处理文本编辑组件更加方便。例如：

- public void copy()：将当前选定的文本复制到系统剪贴板。
- public void cut()：将当前选定的范围剪切到系统剪贴板。
- public void paste()：将系统剪贴板的内容粘贴到文本编辑组件。
- public String getText()：得到组件中的文本。
- public String getSelectedText()：得到组件中当前被选中的的文本。
- public void selectAll()：选择整个文本。
- public void setEditable(boolean b)：设置此 TextComponent 是否可编辑。

文本编辑组件插入符的位置发生变化时将触发 CaretEvent，可以实现 CaretListener 接口监听该事件，该接口包含方法 void caretUpdate(CaretEvent e)。

JTextField 的构造方法主要有以下几种形式：

- public JTextField()：构造一个新的 TextField。
- public JTextField(Document doc, String text, int columns)：构造一个新的 JTextField，它使用给定文本存储模型和给定的列数。
- public JTextField(int columns)：构造一个具有指定列数的新的空 TextField。
- public JTextField(String text)：构造一个用指定文本初始化的新 TextField。
- public JTextField(String text, int columns)：构造一个用指定文本和列初始化的新 TextField。

JTextField 组件只允许输入单行文本，当用户按 Enter 键时触发 ActionEvent 动作事件。

在某些情况下，如输入用户登陆密码时，用户希望自己的输入不被别人看到。这时，可以用 JTextField 类的派生类 JPassword 类组件，该类提供了 setEchoChar 方法设置回显字符，使用户的输入全部以某个特殊字符显示在屏幕上。setEchoChar 方法的形式为：

public void setEchoChar(char c)

在需要输入和显示较多的文字时，要用多行文本输入框。多行文本编辑组件 JTextArea 类常用的构造方法有：

- public JTextArea()：构造一个新的多行文本输入框。
- public JTextArea(int rows, int columns)：构造一个指定长度和宽度的多行文本输入框，两个参数分别为长度和宽度。
- public JTextArea(String text)：构造一个显示指定文字的多行文本输入框。
- public JTextArea(String text, int rows, int columns)：构造一个指定长度、指定宽度，并显示指定文字的多行文本输入框。

JTextArea 类还提供了一些方法来修改文本的内容，例如：

- public void append(String str)：在文本尾部增加文本。
- public void insert(String str, int pos)：在指定位置插入文本。
- public void replaceRange(String str, int start, int end)：替换某些文本。

程序 4.14 演示了如何使用文本编辑组件，运行画面如图 4.22 所示。

第4章 图形用户界面 · 151 ·

图 4.22 程序 4.14 运行画面

【程序 4.14】 文本编辑组件的使用。

```java
import java.awt.FlowLayout;
import java.awt.event.ActionEvent;
import java.awt.event.ActionListener;
import javax.swing.JButton;
import javax.swing.JFrame;
import javax.swing.JLabel;
import javax.swing.JPasswordField;
import javax.swing.JTextArea;
import javax.swing.JTextField;

public class TextEditDemo extends JFrame implements ActionListener{
    JPasswordField passwdField;              //单行文本
    JTextField userField;
    JTextArea info;                          //多行文本
    JLabel dispResult;
    private static final String user="admin";
    private static final String passwd="123456";
    private String   displayStr="";
    JButton button = new JButton("Login");

    public TextEditDemo()
    {
        super("文本编辑组件演示");
        getContentPane().setLayout(new FlowLayout());
        info= new JTextArea("Input username and password:\nusername:admin\n           password:123456",6,15);  //创建多行文本对象
        add(info);                           //加入容器
        JLabel userlabel= new JLabel("User");
        add(userlabel);
        userField= new JTextField(10);       //创建单行文本对象
```

```
        add(userField);                    //加入容器
        JLabel passwdlabel=new JLabel("Passwd");
        add(passwdlabel);
        passwdField= new JPasswordField(10);
        passwdField.setEchoChar('*');      //设置回显字符为*,用于输入密码
        add(passwdField);
        add(button);
        button.addActionListener(this);
        dispResult= new JLabel();
        add(dispResult);
        pack();
        setVisible(true);
    }
    public static void main(String[] args) {
        new TextEditDemo();
    }
    public void actionPerformed(ActionEvent e) {
        String label = e.getActionCommand();
        if(label.equals("Login")){
            String userIn=userField.getText();    //获取单行文本组件中的文本
            String passwdIn=new String( passwdField.getPassword());
              if(user.equals(userIn)&&passwd.equals(passwdIn))
                 displayStr="success";
              else
                 displayStr="Fail";
              dispResult.setText(displayStr);
              pack();
        }
    }
}
```

4.3.4 命令按钮

命令按钮组件为 JButton，鼠标按下时产生一个 ActionEvent 动作事件。JButton 组件除了可以显示一个文本标签，还允许显示图标。JButton 组件常用的构造方法有：
- public JButton()：创建不带有设置文本或图标的按钮。
- public JButton(Icon icon)：创建一个带图标的按钮。
- public JButton(String text)：创建一个带文本的按钮。
- public JButton(String text, Icon icon)：创建一个带初始文本和图标的按钮。

可以通过调用 JButton 类的方法来获取和改变其属性，例如：
- public String　　getText()：返回按钮的文本。
- public void setText(String text)：设置按钮的文本。
- public void setEnabled(boolean b)：启用(或禁用)按钮。

JButton 在本章前面的例子中已多次使用，这里不再详细举例。

4.3.5　复选框与单选按钮

复选框与单选按钮通常用来让用户设置某些选项，例如图 4.23 采用复选框设置粗体和斜体，采用单选按钮让用户在三种颜色中选择一种。Swing 组件库复选框由 JCheckBox 类来实现，而单选按钮由 JRadioButton 类实现，并由 ButtonGroup 类对象对其状态进行管理。

图 4.23　复选框与单选按钮

创建复选框可以使用下面几种构造方法：
- public JCheckBox()：创建一个没有提示文字的复选框条目，未被选中。
- public JCheckBox(String label)：构造一个以 label 为提示文字的复选框条目，未被选中。
- public JCheckBox(String label, boolean state)：构造一个以 label 为提示文字的复选框条目，初始状态由 state 指定。

例如，可以采用下面的方法创建图 4.23 中的两个复选框：

JCheckBox fb = new JCheckBox("粗体");

JCheckbox fi = new JCheckBox("斜体");

创建完成后可以用容器的 add 方法将其放置到容器中：

add(fb); add(fi);

可以通过 JCheckBox 类的方法成员确定复选框是否被选中：

public boolean isSelected();

要通过程序改变选中状态可以使用 setSelected 方法：

public void setSelected(boolean);

JRadioButton 类是实现一个单选按钮，同一组的若干个单选按钮只能有一个处于被选中状态，这一点由 ButtonGroup 类来保证，因此创建 JRadioButton 对象后，需要将其加入某一按钮组。

JRadioButton 常用的构造方法有以下几种形式：
- public JRadioButton()：创建一个初始化为未选择的单选按钮，其文本未设定。
- public JRadioButton(Icon icon)：创建一个初始化为未选择的单选按钮，其具有指定的图像但无文本。

- public JRadioButton(Icon icon, boolean selected)：创建一个具有指定图像和选择状态的单选按钮，但无文本。
- public JRadioButton(String text)：创建一个具有指定文本的状态为未选择的单选按钮。
- public JRadioButton(String text, boolean selected)：创建一个具有指定文本和选择状态的单选按钮。
- public JRadioButton(String text, Icon icon)：创建一个具有指定的文本和图像，并初始化为未选择的单选按钮。
- public JRadioButton(String text, Icon icon, boolean selected)：创建一个具有指定的文本、图像和选择状态的单选按钮。

ButtonGroup 的构造方法形式为：

- public ButtonGroup();

下面的语句构造图 4.22 中的三个单选按钮：

```
ButtonGroup cg = new ButtonGroup();              //创建单选按钮条目组
JRadioButton cb = new JRadioButton ("黑色", true);  //黑色为初始被选中项
JRadioButton cr = new JRadioButton ("红色",false);
JRadioButton cblue= new JRadioButton ("蓝色",false);
cg.add(cb);
cg.add(cr);
cg.add(cblue);
```

对于单选按钮可以对每个条目使用 isSelected()方法来获取其选中状态，也可以通过 ButtonGroup 对象的方法成员 getSelection()来获取被选中的条目。

复选框和单选按钮被点击时会发出一个 item 事件，可以通过实现 ItemListener 接口来响应。ItemListner 接口包含一个方法：

  public void itemStateChanged(ItemEvent e);

上述语句中，可以通过参数 e 来获取有关的事件信息。

4.3.6 下拉列表

下拉列表也称为选择菜单，让用户从一个弹出菜单中选择一个项目，例如图 4.24 在图 4.23 中增加了一个下拉列表，用于选择字体。

图 4.24 下拉列表演示

下拉列表是由 JComboBox 类实现的，JComboBox 类常用的构造方法如下：

- public JComboBox()：创建具有默认数据模型的 JComboBox。
- public JComboBox(Object[] items)：创建包含指定数组中元素的 JComboBox。

JComboBox 定义了一些方法，对条目进行修改，例如：
- public void addItem(Object anObject)：为项列表添加项。
- public void insertItemAt(Object anObject, int index)：在项列表中的给定索引处插入项。索引值从 0 开始计数。
- public void removeAllItems()：从项列表中移除所有项。
- public void removeItem(Object anObject)：从项列表中移除项。
- public void removeItemAt(int anIndex)：移除 anIndex 处的项。

要获得当前被选择的项目，可以通过 JComboBox 类的方法获得被选择的选中的项目对象或序号，其形式为：
- public Object getSelectedItem();
- public int getSelectedIndex();

下拉列表中的项目对象一般我们使用字符串，因此通过 getSelectedItem()方法获取被选中的对象后，需要强制转换为 String 对象。

JComboBox 对象也产生 ItemEvent 事件，可通过实现 ItemListener 接口响应。程序 4.15 完整实现了图 4.24 的功能，演示了复选框、单选按钮和下拉式列表框的使用，其中实现 ItemListener 接口以响应 ItemEvent 事件。

【程序 4.15】 复选框、单选按钮和下拉列表框演示。

```
import java.awt.Color;
import java.awt.FlowLayout;
import java.awt.Font;
import java.awt.event.ItemEvent;
import java.awt.event.ItemListener;
import javax.swing.ButtonGroup;
import javax.swing.JCheckBox;
import javax.swing.JComboBox;
import javax.swing.JFrame;
import javax.swing.JLabel;
import javax.swing.JRadioButton;

public class JCheckBoxDemo extends JFrame    implements ItemListener{
    String s="图形界面演示";
    Color c = Color.black;
    String fontname="宋体";
    Font f=new Font(fontname,Font.PLAIN,40);
    JCheckBox fb = new JCheckBox("粗体");
    JCheckBox fi = new JCheckBox("斜体");
    ButtonGroup cg = new ButtonGroup();
    JRadioButton cb = new JRadioButton("黑色",true);
    JRadioButton cr = new JRadioButton("红色",false);
```

```java
    JRadioButton cblue= new JRadioButton("蓝色",false);
    JComboBox fl = new JComboBox();
    JLabel result=new JLabel(s);

    public JCheckBoxDemo()
    {
        super("复选、单选按钮演示");
        getContentPane().setLayout(new FlowLayout());
        setSize(400,150);
        cg.add(cb);
        cg.add(cr);
        cg.add(cblue);
        add(fb);
        add(fi);
        add(cb);
        add(cr);
        add(cblue);
        fb.addItemListener(this); //登记事件监听器
        fi.addItemListener(this);
        cb.addItemListener(this);
        cr.addItemListener(this);
        cblue.addItemListener(this);
        String s[]= java.awt.GraphicsEnvironment.getLocalGraphicsEnvironment().
                getAvailableFontFamilyNames();     //取字体列表
        for(int i=0;i<s.length;i++)
            fl.addItem(s[i]);                      //加入条目
            fl.addItemListener(this);
            add(fl);
            result.setFont(f);
            add(result);
            setVisible(true);
    }
    public static void main(String[] args) {
        new JCheckBoxDemo();
    }
    public void itemStateChanged(ItemEvent e) {
        int s=Font.PLAIN;
        fontname=(String) fl.getSelectedItem();
        if(fb.isSelected())s=s+Font.BOLD;
```

```
            if(fi.isSelected())s=s+Font.ITALIC;
            if(cb.isSelected())
                c=Color.black;
            if(cr.isSelected())
                c=Color.red;
            if(cblue.isSelected())
                c=Color.blue;
            f=new Font(fontname,s,40);
            result.setFont(f);              //设置字体
            result.setForeground(c);        //设置颜色
        }
    }
```

4.3.7 列表框

列表框显示一个一次可选择一个或多个值的滚动列表，Swing 中的列表框由 JList 类实现。JList 类基本的构造方法形式为：
- JList()：构造一个列表框。
- JList(Object[] listData)：构造一个 JList，使其显示指定数组中的元素。

例如，下面的语句构造一个列表框，显示四个字符串供用户选择。

    String[] data = {"one", "two", "three", "four"};

    JList dataList = new JList(data);

JList 不直接支持滚动条，如果列表框中的项目较多，需要显示滚动条让 JList 作为 JScrollPane 的视口视图，例如：

    JScrollPane scrollPane = new JScrollPane(dataList);

或者下面的方法：

    JScrollPane scrollPane = new JScrollPane();

    scrollPane.getViewport().setView(dataList);

List 类还提供了其他一些方法对列表的条目进行修改，例如：
- public void addItem(String item,int index)：在指定位置增加条目。
- public void replaceItem(String newValue,int index)：替换指定位置的条目内容。
- public void remove(int position)：删除指定的条目。
- public void remove(String item)：删除指定的条目。
- public void removeAll()：删除所有条目。

JList 支持多选，可以用 setSelectionMode()方法设置单选/多选状态，该方法形式为：

    void setSelectionMode(int selectionMode) ;

允许以下的 selectionMode 值：
- ListSelectionModel.SINGLE_SELECTION：一次只能选择一个列表索引。
- ListSelectionModel.SINGLE_INTERVAL_SELECTION：一次可以选择一个连续的索

引间隔。
- ListSelectionModel.MULTIPLE_INTERVAL_SELECTION：在此模式中，不存在对选择的限制，这是默认设置。

JList 提供了多个方法允许程序获取用户的选择，例如：
- int getSelectedIndex()：返回所选的第一个索引。如果没有选择项，则返回−1。
- int[] getSelectedIndices()：返回所选的全部索引的数组(按升序排列)。
- Object getSelectedValue()：返回所选的第一个值，如果选择为空，则返回 null。
- Object[] getSelectedValues()：返回所选单元的一组值。

当列表中的被选中项目发生变化时，JList 对象产生一个 ListSelectionEvent 事件，可以通过实现 ListSelectionListener 接口进行响应。

程序 4.16 演示了列表框的使用，运行画面如图 4.25 所示。

图 4.25 列表框演示

【程序 4.16】 列表框的使用。

```
import java.awt.FlowLayout;
import java.awt.Font;
import javax.swing.JFrame;
import javax.swing.JLabel;
import javax.swing.JList;
import javax.swing.JScrollPane;
import javax.swing.event.ListSelectionEvent;
import javax.swing.event.ListSelectionListener;

public class JListDemo extends JFrame    implements ListSelectionListener{
    String s="图形界面演示";
    String fontname="宋体";
    Font f=new Font(fontname,Font.PLAIN,40);
    JList<String> fl;
    JLabel result=new JLabel(s);

    public JListDemo()
    {
```

```
        super("复选、单选按钮演示");
        getContentPane().setLayout(new FlowLayout());
        //setSize(400,150);
        String str[]= java.awt.GraphicsEnvironment.getLocalGraphicsEnvironment().
                    getAvailableFontFamilyNames();     //取字体列表
        fl = new JList<String>(str);
        fl.addListSelectionListener(this);
        JScrollPane scrollPane = new JScrollPane(fl);
        add(scrollPane);
        result.setFont(f);
        add(result);
        pack();
        setVisible(true);
    }
    public static void main(String[] args) {
        new JListDemo();
    }
    public void valueChanged(ListSelectionEvent e) {
        fontname=fl.getSelectedValue();
        f=new Font(fontname,Font.PLAIN,40);
        result.setFont(f);                              //设置字体
    }
}
```

4.3.8 工具栏

图形用户界面的应用程序的主窗口通常会有一个工具栏,可以将用户经常使用的功能放到其中,从而方便用户快捷地操作,不用在众多菜单中搜索所需要的功能。Swing 组件库提供了 JToolBar 组件,用于放置各种常用的功能按钮或控制组件。

JToolBar 组件构造方法的形式如下:
- public JToolBar():创建新的工具栏,默认的方向为 HORIZONTAL。
- public JToolBar(int orientation):创建具有指定 orientation 的新工具栏。orientation 不是 HORIZONTAL 就是 VERTICAL。
- public JToolBar(String name):创建一个具有指定 name 的新工具栏。name 用作浮动式 (undocked) 工具栏的标题。在默认情况下,工具栏是可以浮动的,默认的方向为 HORIZONTAL。
- public JToolBar(String name,int orientation):创建一个具有指定 name 和 orientation 的新工具栏。所有其他构造方法均调用此构造方法。

创建一个 JToolBar 组件后,需要用 add 方法向其中添加组件。将下面的代码片段加入到程序 4.11 中 TextEdit 的构造方法中，再运行程序可以看到图 4.26(a)所示的界面。用鼠标拖动工具栏可将其变为独立的窗口，如图 4.26(b)所示。

```
JToolBar tb=new JToolBar();
add(tb,BorderLayout.NORTH);          //工具栏加入到主窗口
JButton cpyButton=new JButton("Copy");
JButton cutButton=new JButton("Cut");
JButton pstButton=new JButton("Paste");
JButton exitButton =new JButton("Exit");
tb.add(cpyButton);                   //按钮加入到工具栏
tb.add(cutButton);
tb.add(pstButton);
tb.addSeparator();                   //添加分隔符
tb.add(exitButton);
```

 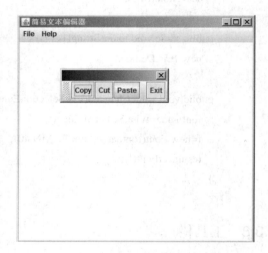

(a) 程序运行界面　　　　　　　　　　(b) 独立的窗口

图 4.26 工具栏演示

JToolBar 组件有特定的事件需要响应，一般我们只需响应放置在 JToolBar 组件上的每一个组件触发的事件，例如上面程序片段中的按钮，我们需要响应其动作事件。

4.3.9 面板

面板也就是前面所说的中间容器类，它可以将基本组件放置在其中，组成丰富多彩的用户界面。面板里也包含了很多不同种类的面板，常用的面板有 JPanel、JScrollPane、JSplitPane、JTabbedPane 等。JScrollPane 类是一个带滚动条的容器类，它可以用来显示一些文本、表格等内容，当内容超过了 JScrollPane 面板的大小时，系统会自动添加滚动条。JSplitPane 面板主要用来将不同的组件分隔开来。JTabbedPane 面板主要用来创建选项卡容器。限于篇幅，本书不再一一介绍这些面板类，下面只简单介绍基本的面板组件 JPanel。

JPanel 是常用的中间容器组件，利用简单的布局管理器结合 JPanel 可以构造出很复杂

的界面布局。JPanel 最常用的构造方法形式为：
- public JPanel()
- public JPanel(LayoutManager layout)

程序 4.17 使用 GridLayout 布局管理器结合 JPanel 实现了图 4.27 的组件布局。

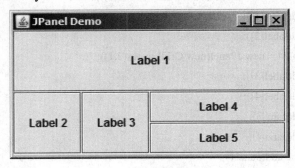

图 4.27　JPanel 演示

【程序 4.17】　JPanel 演示。

```java
import java.awt.Color;
import java.awt.Container;
import java.awt.GridLayout;
import java.awt.event.WindowAdapter;
import java.awt.event.WindowEvent;
import javax.swing.BorderFactory;
import javax.swing.JFrame;
import javax.swing.JLabel;
import javax.swing.JPanel;
public class JPanelDemo
{
    public JPanelDemo()
    {
        JFrame f = new JFrame("JPanel Demo");
        Container contentPane = f.getContentPane();
        contentPane.setLayout(new GridLayout(2,1));
        JLabel[] label = new JLabel[5];

        for(int i=0; i< label.length ; i++)
        {
            label[i] = new JLabel("Label "+(i+1),JLabel.CENTER);
            label[i].setBackground(Color.lightGray);
            label[i].setBorder(BorderFactory.createEtchedBorder());
        }
```

```
        JPanel panel1 = new JPanel(new GridLayout(1,1));
        panel1.add(label[0]);
        JPanel panel2 = new JPanel(new GridLayout(1,2));
        JPanel panel3 = new JPanel(new GridLayout(1,2));
        panel3.add(label[1]);
        panel3.add(label[2]);
        JPanel panel4 = new JPanel(new GridLayout(2,1));
        panel4.add(label[3]);
        panel4.add(label[4]);
        panel2.add(panel3);
        panel2.add(panel4);
        contentPane.add(panel1);
        contentPane.add(panel2);
        f.pack();
        f.setVisible(true);
    }
    public static void main(String[] args){
        new JPanelDemo();
    }
}
```

4.4 Applet 与图形界面

Java Applet 也是一种图形用户界面的应用，在支持 Java 的 Web 浏览器中执行动态页面。目前虽然已出现多种动态页面技术，但 Java Applet 仍然有所应用。本节简单介绍 Applet 的程序结构及其在 HTML 页面中的使用方法。

4.4.1 Applet 程序结构

Applet 程序的结构不同于 Java 应用程序，每一个 Applet 都有一个主类，它派生自 java.applet.Applet。由于 Applet 类不能跟 Swing 组件配合使用，因此 Swing 组件库从 Applet 类派生了一个 Jpplet 类。

在 Applet 类中定义了几个重要的方法，这几个方法在 Applet 整个运行的生命周期中具有特殊的作用，在编写 Applet 时应根据需要覆盖对应的方法。下面简要介绍一下这几个方法。

1. public void init()

init 方法的作用是初始化。在整个 Applet 生命周期中，初始化只进行一次。当 Web 浏览器第一次浏览含有 Applet 的网页时，浏览器首先下载该 Applet 字节码文件，然后创建一个该 Applet 主类的对象，再调用 init 方法对 Applet 自身进行初始化。

在 init()方法中可设置程序初始状态，载入图形或字体，获取 HTML 中 <param>设定的参数等。

2. public void start()

当 Applet 启动时，start 方法被调用。在整个 Applet 生命周期中，启动可发生多次。当 Applet 第一次装入并初始化后，离开该页面后再次进入，或者用户将 Applet 滚动到浏览器窗口可视范围之外后再次滚动回来，浏览器都会调用 start 方法。可以在 start 方法中通知 Applet 开始运行。

3. public void stop()

stop 方法的作用是停止执行 Applet。在整个 Applet 生命周期中，停止执行可发生多次。当浏览器离开 Applet 所在 Web 页时或关闭时，浏览器调用 stop 方法。

stop 方法挂起小程序，可在 stop 方法中释放系统资源，否则当浏览者离开一个页面时，小程序还将继续运行。

4. public void destroy()

当 Applet 退出时，destroy 方法被调用。在整个 Applet 生命周期中，退出只发生一次，即结束对该 Web 页的访问、关闭 Web 浏览器时调用一次。

可在 destroy 方法中编写释放系统资源的代码，但除非用了特殊的资源如创建的线程，否则一般不需重写 destroy()方法，因为 Java 运行系统本身会自动进行"垃圾"处理和内存管理。

5. public void paint(Graphics g)

paint 方法负责绘制 Applet 的显示区域，可多次发生。当需要刷新 Applet 显示时，自动调用该方法。如果程序中修改了数据需要刷新显示，可用 repaint()方法强制系统调用 paint 方法重新绘制。与前几个方法不同的是，paint 中带有一个参数 Graphics g，它表明 paint 方法需要引用一个 Graphics 类的对象。在 Applet 中不用编程者操心，浏览器会自动创建 Graphics 对象并将其传送给 paint 方法，但应在 Applet 程序中引入 Graphics 类：

   import java.awt.Graphics;

如果 Applet 上放置的都是 Swing 组件库中的对象，则程序无需自行绘制 Applet 显示区域，不必覆盖 paint 方法。

程序 4.18 演示了 Applet 的几个重要方法，该程序使用 System.out 输出部分信息，这部分信息在 Applet 中无法看到。使用 appletviewer 调试 Applet 时可以通过程序菜单打开 Java 显示控制台观察到这部分信息。下面是某次运行时的输出结果，读者可从中看出上面几个重要方法被调用的顺序：

  Now init
  Now start
  Now paint
  Now paint
  Now stop
  Now destroy

【程序 4.18】 Applet 几个重要方法的调用顺序。

```
//AppletLife.java:
import java.awt.*;
import java.applet.Applet;

public class AppletLife extends Applet
{
  public void init()
  {
    System.out.println("Now init");
  }
  public void start()
  {
    System.out.println("Now start");
  }
  public void stop()
  {
    System.out.println("Now stop");
  }
  public void paint(Graphics g)
  {
    System.out.println("Now paint");
    g.drawString("hello",30,30);
  }
  public void destroy()
  {
    System.out.println("Now destroy");
  }
}
```

JApplet 为 Swing 组件库的顶层容器之一，可以用与 JFrame 类似的方法构建图形用户界面，这里不再详细举例。在编写 JApplet 应用时还应该注意 Java 对 Applet 行为的一些安全性限制，主要有：禁止读写本地文件系统；禁止运行本地可执行文件；禁止访问用户名、电子邮件等与本地计算机有关的信息；禁止与除服务器外的任何一台主机通信。

4.4.2 HTML 中使用 Applet

Applet 使用 appletviewer 或 Web 浏览器加载运行，是通过 HTML 中定义的<APPLET>标记来实现的。第 1 章程序 1.2 中的 HTML 文件使用的是 APPLET 标记最简单的一种形式，APPLET 标记更一般的形式如下：

```
<applet
codebase=codebaseURL
archive = archiveList
code = appletFile
alt = alternateText
name = appletInstanceName
    width = pixels   height= pixels
   vspace = pixels   hspace = pixels
   align =    alignment >
</applet>
```

APPLET 标记本身不区分大小写，上面黑体字部分为 APPLET 标记必须的部分。下面介绍 APPLET 标记中属性的含义：

- codebase 属性：定义 Java Applet 字节码文件的路径或地址(URL)。当 Applet 与 HTML 文档不在同一目录时用它来定位字节码文件，如果没有该属性，则表示 Applet 程序的字节码文件和 HTML 文档放在同一目录中。
- code 属性：指定调用的 Java Applet 程序字节码文件名，要注意全名和大小写。
- archive 属性：用逗号分隔的 JAR 文件列表。若 Applet 程序由多个类构成，可以将多个 class 文件打包生成 JAR 文件，以方便程序的发布。而且 JAR 文件采用 zip 压缩算法，可以减少 class 文件在网络上传输的数据量，加快下载速度。
- width 和 height 属性：指定 Applet 程序在 Web 浏览器中显示区域的宽度和高度，以像素为度量单位。
- vspace 和 hspace 属性：用来设置以像素为单位的竖直和水平边距。
- align 属性：控制 Applet 的对齐方式，取值为 left、right、top、texttop、middle、absmiddle、baseline、bottom、absbottom。
- name 属性：为 Applet 指定一个具体的名字，该名字在与同一页面的不同 Applet 通信时使用。
- alt 属性：为不支持 Java Applet 程序的 Web 浏览器显示替代的文字，如果支持，则该属性被忽略。

APPLET 标记可以在<applet></applet>之间使用<param>标记传递参数给 Applet。例如：

```
<applet code="Java01.class" codebase="javam" width=100 height=60 >
<param name="size" value="5" >
<param name="font" value="bold" >
</applet>
```

该 APPLET 标记定义了两个参数，参数名分别为 size 与 font，两个参数的值为 5 和 bold。Applet 类提供的 getParameter 方法用来获取参数的值。getParameter 方法的形式为：

```
public String getParameter(String name)
```

其中形式参数 name 用于指定传递给 Applet 的参数名。

下面是 Applet 程序框架中获取参数的程序片段，请读者注意其中的黑体字部分：

```
private     final String labelParam = "label";
```

```
    private    final String backgroundParam = "background";
    private    final String foregroundParam = "foreground";

    String labelValue;
    String backgroundValue;
    String foregroundValue;

    labelValue = getParameter(labelParam);
    backgroundValue = getParameter(backgroundParam);
    foregroundValue = getParameter(foregroundParam);
```
对应的 HTML 文件中 APPLET 标记如下：
```
<applet    code=Applet1.class name=Applet1    width=320 height=200 >
  <param name=label value="This string was passed from the HTML host.">
  <param name=background value="008080">
  <param name=foreground value="FFFFFF">
</applet>
```

实训四　图形用户界面的实现

一、实训目的

(1) 掌握 Swing 组件库构建图形用户界面的基本方法。
(2) 了解事件处理机制。
(3) 掌握 Swing 常用图形组件的使用方法。
(4) 掌握主要的布局管理器的使用方法。
(5) 掌握如何在 Web 服务器上发布 Applet。

二、实训内容

1. 编写图形界面的应用程序。

要求主窗口中有五个文本输入框，五个 JLabel 组件分别是语文、数学、英语、总分和平均分，一个计算按钮，要求在文本输入框中输入语文、数学和英语成绩，另外两个文本域分别用于统计总分和平均分。

2. 编写一个图形界面的应用程序。

要求主窗口中包括一个菜单和一个 JLabel 组件。程序监听 ActionEvent 事件，每当用户选择一个菜单项时，JLabel 组件显示这个菜单项的名称，菜单项设置一个"退出"项。当用户选择"退出"时，显示一个确认是否退出的对话框，若用户单击"确定"按钮退出整个程序的执行，否则退回主窗口。

3. 编写一个图形界面的应用程序。

要求主窗口包括一个 JLable 组件，内容为"Your Choice:"；一个 JTextArea 组件；一个

JList 组件，允许多选。当用户在 JList 组件中操作时，选中的项目按顺序显示在 JTextArea 组件中。注意选择合适的布局管理器，以保证当主窗口的大小发生变化时，上述几个组件的相对位置不发生变化。

4. Web 服务器上发布 Java Applet。

将本章案例 1 简易计算器程序改写为 Java Applet，在 Web 服务器上发布。

不同的 Web 服务器软件的操作方式不同，下面的操作步骤为 Windows XP Proessional 环境下的在 IIS 服务器上发布 Applet 的过程。

(1) 实验环境的准备：安装 Web 服务器软件。

如果已具备该条件，直接进行 2)。如果无 Web 服务器可按以下步骤安装 IIS。

打开 Windows XP Professional 控制面板，点击"添加、删除 Windows 组件"，在图 4.28 所示的窗口中选择"Internet 信息服务(IIS)"，准备好 Windows XP Professional 的安装光盘，单击"下一步"按钮按提示操作即可，重新启动后，系统会自动启动 IIS。

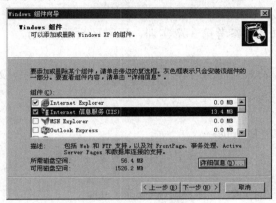

图 4.28 IIS 安装

(2) 建立 Applet 发布的目录。

① Web 服务器安装完成后，可在 Web 服务器上建立专门的虚拟目录发布你的 Applet，也可在原来的虚拟根目录下直接建立一个子目录。下面介绍 IIS 建立虚拟目录的方法。

右击桌面上的"我的电脑"，在弹出的菜单中选择"管理"，显示"计算机管理"窗口。在左边的树形控件中展开"服务和应用程序"，找到"Internet 信息服务"(见图 4.29)。

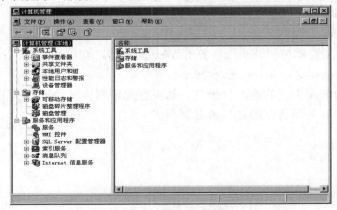

图 4.29 计算机管理窗口

② 展开"Internet 信息服务",右键单击"默认网站",选择"新建"→"虚拟目录",如图 4.30 所示。

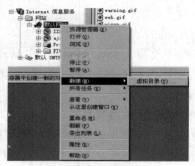

图 4.30 新建虚拟目录

③ 按照虚拟目录向导设置虚拟目录别名、网站内容目录、访问权限。

(3) 使用 Eclipse 或 JDK 调试程序。

(4) 创建 JAR 文件(方法参考第 3 章实训,不需要设置主类)。

(5) 创建 HTML 文件。

打开纯文本编辑器,输入下面的内容,保存到程序文件所在目录,文件名为 AppletCal.htm。

```
<HTML>
<HEAD>
<title>简易计算器程序</title>
</HEAD>
<BODY>
<applet    code= AppletCal.class archive=AppletCal.jar
    name=Appletcal    width=320 height=200    >
</applet>
</BODY>
</HTML>
```

(6) 复制文件到 Web 服务器对应目录。在前面创建的虚拟目录所对应的目录下创建 AppletCal 子目录,将下列文件复制到该目录:

　　AppletCal.jar

　　AppletCal.htm

(7) 使用 Web 浏览器访问该页面。打开 Web 浏览器,在地址栏输入:

　　http://localhost/java/AppletCal/AppletCal.htm

其中,java 为前面创建的虚拟目录名。如果在局域网内其他计算机上访问该页面,将 localhost 换为 Web 服务器所在的计算机名即可。

习题四

1. 图形用户界面与字符用户界面有何不同?为程序建立图形用户界面通常需要哪些步骤?

2. 简述 JDK1.1 及以后版本的事件处理机制。

3. 试列举 Java 中常用的图形用户界面组件。

4. 什么是容器？容器组件与非容器组件有什么区别？Swing 中主要有哪些容器组件？分别适合什么场合使用？

5. Swing 图形界面的容器常用的布局管理器有哪些？各有什么特点？

6. 对话框 JDialog 对象根据其性质不同，可以划分为哪两种类型？缺省情况下创建的对话框属于哪种类型？如果一个对话框的目的在于警告或提醒用户(例如在用户删除某组件之前的确认)，这个对话框应该选用哪种类型？

7. Applet 的哪个方法仅在开始时执行一次？哪个方法在用户每次访问包含 Applet 的 HTML 文件时都被调用？Applet 的哪个方法可以用来在其中画图？哪个方法在用户离开 Applet 所在的 HTML 页面时被调用？

8. 下面的程序是否有错，如果有错误，指出错误的原因。

```java
public class Applet1 extends Japplet{
    Label label;
    public void init(String args[]){
        lable = new Label("Can you see me");
        add(label);
    }
}
```

9. 写出下面程序的功能。

```java
import java.awt.*;
import javax.swing.*;
public class abc{
    public static void main(String args[])
    {
        new FrameOut();
    }
}
class FrameOut extends JFrame{
    JButton btn;
    FrameOut( ){
        super("按钮");
        btn = new JButton("按下我");
        this.getContentPane().setLayout(new FlowLayout( ));
        add(btn);
        setSize(300,200);
        setVisible(true);
    }
}
```

第 5 章 多 线 程

5.1 线程的概念

5.1.1 线程与多线程

线程是指程序中顺序执行的一个指令序列，多线程允许在程序中并发执行多个指令序列，且彼此间互相独立。

多线程允许将程序任务分成几个并行的子任务，以提高系统的运行效率。例如，在网络编程中，很多功能是可以并发执行的。如果需要从 ftp 文件服务器下载文件，由于网络传输速度较慢，客户端提出请求后，须等待服务器响应，此时客户端处于闲置等待状态。如果用两个独立的线程去完成该功能，当一个线程处于等待状态时，另一个线程可以建立连接，请求另一部分数据。采用多线程可以充分利用网络带宽，提高文件下载的速度。

在图形用户界面的程序中，主程序不断检测发生的事件，根据事件的不同种类调用事件的响应程序。如果采用单线程，只有当事件响应程序执行完毕，主程序才能继续处理其他的事件。

多个线程的执行是并发的，也就是在逻辑上是"同时"的，而不管是否是物理上的"同时"。如果系统只有一个 CPU，那么真正的"同时"是不可能的，但是由于 CPU 的速度非常快，用户感觉不到其中的区别，只需要设想各个线程同时执行即可。

多线程和传统的单线程在程序设计上最大的区别在于：由于各个线程的控制流彼此独立，使得各个线程之间代码执行的顺序不确定，由此带来线程调度、同步等问题。

5.1.2 进程与线程

进程是程序的一次动态执行过程，它对应了从代码加载、执行，到执行完毕的一个完整过程，这个过程也是进程本身从产生、发展到消亡的过程。同一个程序可以被加载到系统的不同内存区域分别执行，形成不同的进程。

线程是比进程更小的执行单位。一个进程在其执行过程中可以产生多个线程，每个线程也有它自身的产生、存在和消亡过程，是一个动态的概念。进程之间的内部数据和状态都是完全独立的，同一进程的多个线程共享一块内存空间和一组系统资源，有可能互相影响。线程切换时保存其内部状态的数据较少，切换的负担比进程切换要小。

5.1.3 线程的优先级与类别

每一个线程都有一个优先级，Java 将线程的优先级分为 10 个等级，分别用 1～10 之间的数字表示。数字越大表明线程的优先级越高,缺省情况下的优先级为 5。Java 语言在线程类 Thread 中定义了表示线程最低、最高和普通优先级的常量 MIN_PRIORITY、MAX_PRIORITY 和 NORMAL_PRIORITY,代表的优先级等级分别为 1、10 和 5。

为了控制线程的运行,Java 定义了线程调度器来监控系统中处于就绪状态的所有线程。线程调度器按照线程的优先级决定哪个线程投入处理器运行。在多个线程处于就绪状态条件下,具有高优先级的线程会在低优先级线程之前得到执行。具有相同优先级的所有线程采用轮转的方式来共同分配 CPU 时间。

Java 语言中的线程分为两类,即用户线程和守护(Daemon)线程。守护线程具有最低的优先级,为系统中的其他对象和线程提供服务。典型的守护线程的例子是 Java 虚拟机中的系统资源自动回收线程,它始终在低级别的状态中运行,用于实时监控和管理系统中的可回收资源。

Java 程序运行到所有用户线程终止,然后终止所有的守护线程。对一个 Java 应用程序,main 方法运行结束后,如果另一个用户线程仍在运行,则程序继续运行;如果其他线程均为守护线程,则程序终止运行。

5.1.4 线程的状态与生命周期

每个 Java 程序都有一个缺省的主线程。对于 Java 应用程序,主线程是 main 方法执行的指令序列;对于 Applet,主线程指挥浏览器加载并执行 Java 小程序。要想实现多线程,必须创建新的线程对象。

Java 语言使用 Thread 类及其子类的对象来表示线程,新建的线程在它的一个完整的生命周期中通常包括新生、运行、睡眠和死亡四种状态。

(1) 新生(New)状态:线程被创建但尚未启动其指定的指令序列时,线程处于 New 状态。

(2) 运行(Runnable)状态:处于新生状态的线程被启动后,进入 Runnable 状态。Runnable 状态可分为就绪和运行两种状态,但从程序设计的角度来看,可以认为它们是同一种状态。

(3) 睡眠(Not Running)状态:一个正在执行的线程在某些特殊情况下,暂停执行,进入睡眠状态。例如,线程因执行 I/O 操作而阻塞时,必须等待 I/O 操作结束。另外,线程也可以主动调用 sleep 方法进入睡眠状态。

(4) 死亡状态:处于死亡状态的线程不具有继续运行的能力。线程死亡的原因有两个:一个是正常运行的线程完成它的全部工作后退出;另一个是线程被强制性地终止,如通过执行 stop 方法或 destroy 来终止线程。

5.2 多线程的实现方法

5.2.1 线程类 Thread

Java 语言是第一个直接支持多线程的程序设计语言。用 Java 语言编写多线程程序无需直接访问操作系统的编程接口,它提供了类 java.lang.Thread,方便多线程编程,创建一个新的线程只需指明这个线程所要执行的代码即可。

Java 虚拟机本身并不直接实现线程机制，它仍然需要操作系统的支持，不过所有需要访问操作系统编程接口的工作都已经在 Thread 类以及其他几个与线程有关的类中实现了。

Thread 类的构造方法有多种，它们是：
- public Thread();
- public Thread(Runnable target);
- public Thread(Runnable target, String name);
- public Thread(String name);
- public Thread(ThreadGroup group, Runnable target);
- public Thread(ThreadGroup group, Runnable target, String name);
- public Thread(ThreadGroup group, String name)。

其中，target 为 Runnable 接口类型的对象，用于提供该线程执行的指令序列，有关 Runnable 接口的使用将在下面详细讨论；name 为新线程的名称；group 参数为线程组，线程组类 ThreadGroup 是 Java 语言为方便线程的调度管理定义的一个类，可以将若干个线程加入同一个线程组中。

Thread 类提供了大量的方法来控制线程，下面介绍几个主要的方法。
- public static int activeCount()——返回线程组中当前活动的线程数；
- public static native Thread currentThread()——返回当前运行的 Thread 对象；
- public void destroy()——破坏线程，但不进行清理；
- public final String getName()——返回线程的名字；
- public final int getPriority()——返回线程优先级；
- public final ThreadGroup getThreadGroup()——得到线程所属的线程组；
- public void interrupt()——中断线程运行；
- public static boolean interrupted()——判断当前线程是否已被中断；
- public boolean isInterrupted()——判断线程是否已被中断；
- public final native boolean isAlive()——测试线程是否处于活动状态；
- public final boolean isDaemon()——方法 isDaemon 判断一个线程是否为守护线程；
- public void run()——指定线程需要运行的代码，一般由派生类或 Runnable 接口覆盖 Thread 类中定义的该方法；
- public final void setDaemon(boolean on)——方法 setDaemon 将一个线程设为守护线程(on 为 true)或用户线程(on 为 false)，该方法必须在线程启动前调用；
- public final void setName(String name)——设置线程名；
- public final void setPriority(int newPriority)——设置线程优先级；
- public static void sleep(long millis)——用于使线程在指定的时间内进入睡眠状态，指定的时间一过，线程重新进入执行状态，millis 为毫秒数；
- public static void sleep(long millis, int nanos)——用于使线程在指定的时间内进入睡眠状态，指定的时间一过，线程重新进入执行状态，nanos 为纳秒数；
- public synchronzied native void start()——开始运行线程，Java 虚拟机将自动调用线程的 run 方法；
- public static void yield()——使线程放弃当前分得的 CPU 时间，但不进入睡眠状态，仍处于可执行状态。将 CPU 控制权主动移交到下一个可运行线程。

Java 语言中还有其他几个类与线程相关，本书不再详细介绍。

5.2.2 继承 Thread 类

从上面的介绍可以知道，线程类中定义了一个 run 方法，该方法称为线程体，用于指定线程所要执行的指令序列。创建一个线程类对象，调用 start 方法启动线程后，run 方法会被自动调用。如果在 Thread 类的子类中覆盖 run 方法，加入线程所要执行的代码，则线程启动后，子类中定义的 run 方法被调用。这是 Java 语言中实现多线程的第一种方法，也是最简单、最直接的方法。继承 Thread 类的基本步骤如下：

(1) 从 Thread 类派生一个类，覆盖 Thread 类中的 run 方法。例如：

```
public class D_Thread extends Thread{
    public void run(){
        //需要以线程方式运行的代码
    }
}
```

(2) 创建该派生类的对象。例如：

```
D_Thread newThread = new D_Thread();
```

(3) 调用 start 方法启动该线程。例如：

```
newThread.start();
```

【程序 5.1】 派生 Thread 类实现多线程。

```
import java.lang.InterruptedException;
public class ThreadTest {
    public static void main (String[] args)
    {
        MyThread first,second;
        first=new MyThread("The first thread");
        second=new MyThread("The second thread");
        first.start();
        second.start();
    }
}

class MyThread extends Thread
{
    String name;
    public MyThread(String name)
    {
        this.name=name;
```

```
            System.out.println(name+" created");
        }
        public void run()
        {
            System.out.println(name+" Started");
            try{
                sleep(1000);
            }catch(InterruptedException e){ }
            System.out.println(name+" finished");
        }
    }
```
程序的输出结果为

  The first thread created

  The second thread created

  The first thread Started

  The second thread Started

  The first thread finished

  The second thread finished

sleep 方法在执行时如果发生错误，会抛掷异常，程序中采用 try-catch 捕捉该异常，有关语法将在第 7 章中详细介绍。

5.2.3 实现 Runnable 接口

5.2.2 节的方法简单明了，但有一个很大的缺点，即如果用户定义的类已经从一个类继承(例如 Applet 必须继承自 Applet 类)，则无法再继承 Thread 类。Java 语言中可以直接创建 Thread 类的对象，而线程体通过 target 参数指定。从 Thread 类的构造方法中可以看出，target 参数的类型为 Runnable。Runnable 接口只有一个方法 run，用户自定义的类只需实现 Runnable 接口，将线程体写入 run 方法，然后创建该类对象并将该对象传递给 Thread 类的构造方法。

使用 Runnable 接口实现多线程的基本步骤如下：

(1) 定义一个类，实现 Runnable 接口。例如：

```
    public class I_Thread implements Runnable{
        public void run(){
            //线程体
        }
    }
```

(2) 创建自定义类的对象。例如：

  I_Thread target = new I_Thread();

(3) 创建 Thread 类对象，指定该类的对象为 target 参数。例如：

Thread newthread = new Thread(target);

(4) 启动线程。例如：

newthread.start();

程序 5.2 实现的功能与程序 5.1 的相同，读者可比较一下两个程序的不同点。

【程序 5.2】 通过 Runnable 接口实现多线程。

```java
import java.lang.InterruptedException;
public class ThreadTest
{
    public static void main (String[] args)
    {
        MyTarget firsttarget,secondtarget;
        firsttarget=new MyTarget("The first thread");
        secondtarget=new MyTarget("The second thread");
        Thread first,second;
        first=new Thread(firsttarget);
        second=new Thread(secondtarget);
        first.start();
        second.start();
    }
}

class MyTarget implements Runnable
{
    String name;
    public MyTarget(String name)
    {
        this.name=name;
        System.out.println(name+" created");
    }
    public void run()
    {
        System.out.println(name+" Started");
        try
        {
            Thread.sleep(1000);
        }catch(InterruptedException e){}
        System.out.println(name+" finished");
    }
}
```

5.3 采用多线程实现动画效果

WWW 最初被引入 Internet 时能提供的都是静态的网页,而 Java Applet 最吸引人的就是可以嵌入在网页中运行,使网页变得生动精彩。使用 Applet 显示动画是最常见的一种应用,本节介绍实现动画的基本方法。

动画的实现原理很简单。首先在屏幕上显示动画的第一帧(也就是第一幅画面),然后每隔一段时间显示另外一帧,如此往复,由于人眼的视觉暂停而感觉好像画面中的物体在运动。画面的绘制是由 paint 方法完成的,每过一定的时间必须重新调用 paint。程序 5.3 采用一个独立的线程,定时通知主线程刷新显示。

【程序 5.3】 用多线程技术实现动画(运行画面如图 5.1 所示)。

```java
import java.awt.*;
import java.applet.*;
import java.util.Date;                          //Date 类用于处理日期时间信息
public class AppletClock extends Applet implements Runnable
{
    Date timenow;
    Thread clockthread=null;                    //设置一个线程

    public void start()
    {
        if (clockthread==null)                  //如果线程为空,则
        {
            clockthread=new Thread (this);      //创建新线程,target 为当前 Applet
            clockthread.start();                //启动新线程
        }
    }

    public void stop()
    {
        clockthread.stop();                     //终止线程
        clockthread=null;
    }

    public void run()                           //线程体
    {
        while(true){
            repaint();                          //重新绘制
```

```
            try{
                Thread.sleep(1000);                    //线程睡眠 1000 ms
            }catch(InterruptedException e){ }          //捕获异常
        }
    }


    public void paint(Graphics g)
    {
        timenow=new Date();                            //获得当前时间
        g.drawString(timenow.toString(),25,30);        //将它打印出来
    }
}
```

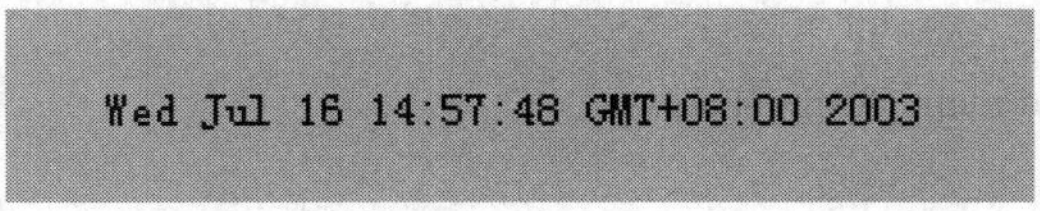

```
Wed Jul 16 14:57:48 GMT+08:00 2003
```

图 5.1 程序 5.3 的运行画面

5.4 线程的同步与死锁

5.4.1 同步的概念

同一进程的多个线程共享同一存储空间，带来了访问冲突这个严重的问题。例如，两个线程访问同一个对象，一个线程向对象中存储数据，另一个线程读取该数据。如果第一个线程还没有完成存储操作第二个线程就开始读数据，就产生了混乱。因此，必须采用同步机制来防止类似情况发生，即在第一个线程完成存储操作之前，禁止其他线程访问该对象。

【程序 5.4】 未使用同步机制的多线程程序。

```
class DataClass{
    private int data=0;
    public void Increase(){
        int nd = data;
        try{
            Thread.sleep(100);
        }catch(Exception e){ }
        data = nd+1;
    }
    public int GetData(){return data;}
}
```

```java
class NThread extends Thread{
    DataClass d;
    NThread(DataClass d){this.d=d;}
    boolean alive=true;
    public void run()
    {
        for(int i=0;i<100;i++)
            d.Increase();
        alive=false;
    }
}
public class NoSyn
{
    public static void main (String[] args)
    {
        DataClass d = new DataClass();
        NThread t1 = new NThread(d);
        NThread t2 = new NThread(d);
        t1.start();
        t2.start();
        while(t1.alive||t2.alive);
        System.out.println("data="+d.GetData());
    }
}
```

程序 5.4 在 NoSyn 类的 main 方法中创建了两个线程 t1 和 t2，两个线程分别对 DataClass 类的对象 d 调用 100 次 Increase 方法。当两个线程的 run 方法执行结束后，main 方法输出对象 d 的数据成员 data。按照程序的功能，data 最后的值应为 200，但实际运行后的输出结果并非如此。

程序 5.4 中 DataClass 的 Increase 方法在取出变量成员 data 的值后，暂停 100 ms，然后将原来的值加 1 写回 data。在线程 t1 写回 data 之前，线程 t2 取 data 的值为原来的值，而不是线程 t1 计算后的值，由此引起错误的结果。当然，在实际的应用系统中，取 data 值后一般不会进入睡眠状态，而可能是一些复杂费时的计算，每次的运行结果可能不一样。

程序 5.4 的运行结果很显然是用户不希望看到的。为了解决这个问题，Java 语言提供了专门机制来解决这种冲突，避免同一个数据对象被多个线程同时访问。为此，Java 语言引入了一个关键字 synchronized，它有两种用法：synchronized 方法和 synchronized 块。

5.4.2 synchronized 方法

通过在方法声明中加入关键字 synchronized 来声明 synchronized 方法。例如：

public synchronized void accessVal(intnewVal);

synchronized 方法控制对对象成员的访问，每个对象对应一把锁。每个 synchronized 方法都必须获得调用该方法的对象的锁方能执行，否则所属线程阻塞。synchronized 方法一旦执行，就独占该锁，直到从该方法返回时才将锁释放，此后被阻塞的线程方能获得该锁进入可执行状态。

Java 语言的这种同步机制确保了同一时刻对于每一个该类对象，synchronized 方法成员至多只有一个处于可执行状态，从而有效避免了对对象成员的访问冲突。

程序 5.5 对程序 5.4 进行了修改，将 DataClass 类的方法成员 Increase 定义为 synchronized 的，则当线程 t1 执行 d.Increse()时，锁定对象 d，此时如果线程 t2 执行 d.Increase()，则被阻塞，进入休眠状态。程序 5.5 执行后，输出的结果正确，data 的值为 200。

【程序 5.5】 使用 synchronized 方法的多线程程序。

```java
class DataClass{
    private int data=0;
    synchronized public void Increase()
    {
        int nd = data;
        try{
            Thread.sleep(100);
        }catch(Exception e){ }
        data = nd+1;
    }
    public int GetData()
    {
        return data;
    }
}
class NThread extends Thread{
    DataClass d;
    NThread(DataClass d){this.d=d;}
    boolean alive=true;
    public void run()
    {
        for(int i=0;i<100;i++)
            d.Increase();
        alive=false;
    }
}
public class SynDemo
{
```

```
public static void main (String[] args)
{
    DataClass d = new DataClass();
    NThread t1 = new NThread(d);
    NThread t2 = new NThread(d);
    t1.start();
    t2.start();
    while(t1.alive||t2.alive);
    System.out.println("data="+d.GetData());
}
}
```

在 Java 中，不仅是对象，每一个类也对应一把锁。可将类的静态方法声明为 synchronized，以控制其对类的静态成员变量的访问。

5.4.3 synchronized 块

synchronized 方法虽然可以解决同步的问题，但也存在缺陷，如果一个 synchronized 方法需要执行很长时间，将会大大影响系统的效率。Java 语言提供了一种解决办法，就是 synchronized 块。可以通过 synchronized 关键字将一个程序块声明为 synchronized 块，而不是整个方法声明为 synchronized 方法。

synchronized 块的语法如下：

```
synchronized(syncObject){
    //允许访问控制的代码
}
```

synchronized 块中的代码必须获得对象 syncObject(可以是类实例或类)的锁才能执行，具体机制与 synchronized 方法的相同。由于可以针对任意代码块，且可任意指定上锁的对象，故灵活性较高。

程序 5.6 演示了如何使用 synchronized 块。

【程序 5.6】 使用 Synchronized 块的多线程程序。

```
class Callme
{
    void call(String msg)
    {
        synchronized(this){
            System.out.print("["+msg);
            try{
                Thread.sleep(1000);
            }catch(Exception e){ }
            System.out.println("]");
```

```
        }
      }
    }
    class caller implements Runnable
    {
        String msg;
        Callme target;
        public caller(Callme t,String s)
        {
            target=t;
            msg=s;
            new Thread (this).start();
        }
        public void run()
        {
            target.call(msg);
        }
    }
    public class SynBlock
    {
        public static void main (String[] args)
        {
            Callme target = new Callme();
            new caller(target,"Hello");
            new caller(target,"Synchronized");
            new caller(target,"World");
        }
    }
```

程序的运行结果为

[Hello]

[Synchronized]

[World]

5.4.4 线程的死锁

　　线程同步虽然解决了对象访问的冲突，但同步可能带来其他问题，死锁就是其中之一。在编写多线程程序时特别要注意防止死锁。当多个线程在一个给定的任务中协同作用、互相干涉，从而导致一个或者更多线程永远阻塞时，死锁就发生了。

　　例如，一个线程拥有对象 A，另一个线程拥有对象 B，第一个线程必须拥有对象 B 才能继续，同样第二个线程必须拥有对象 A 才能继续，两个线程相互等待对方释放当前拥有的对象，造成两个线程阻塞，发生死锁。

程序 5.7 演示了死锁发生的过程。主线程首先创建一个新的线程并启动，该线程执行 b.CallA()，锁定对象 b；然后调用 a.CallB()，锁定对象 a。CallA()方法等待对象 a 才能返回，而 CallB()方法等待对象 b 才能返回，如此相互等待，引起死锁。

【程序 5.7】 死锁的发生。

```java
class A{
    synchronized void Print()
    {
        System.out.println("APrint");
    }
    synchronized void CallB(B bObject)
    {
        System.out.print(Thread.currentThread().getName()+":");
        System.out.println("Lock aObject,and wait bObject...");
        try{
            Thread.sleep(100);
        }catch(Exception e){}
        bObject.Print();
    }
}

class B{
    synchronized void Print()
    {
         System.out.println("BPrint");
    }
    synchronized void CallA(A aObject)
    {
        System.out.print(Thread.currentThread().getName()+":");
        System.out.println("Lock bObject,and wait aObject...");
        try{
            Thread.sleep(100);
        }catch(Exception e){}
         aObject.Print();
    }
}

public class Deadlock implements Runnable
```

```
    {
        A a=new A();
        B b=new B();
        Deadlock()
        {
            Thread.currentThread().setName("MainThread");
            new Thread(this,"RacingThread").start();
            a.CallB(b);
            System.out.println("back in main thread");
        }
        public void run()
        {
            b.CallA(a);
            System.out.println("back in other thread");
        }
        public static void main (String[] args)
        {
            new Deadlock();
        }
    }
```

运行该程序,输出下面的信息后进入死锁状态,必须按 Ctrl + C 键人为终止该程序。

    MainThread:Lock aObject,and wait bObject...

    RacingThread:Lock bObject,and wait aObject...

实训五　多线程程序设计

一、实训目的

(1) 掌握多线程的概念。
(2) 掌握用继承 Thread 类的方法实现多线程。
(3) 掌握实现 Runnable 接口的方法,编写多线程程序。
(4) 掌握同步的概念和 synchronized 方法的使用。

二、实训内容

1. 编写一个 Java 应用程序。

创建两个线程对象,分别将一个数组从小到大和从大到小排列,并输出结果。分别用继承 Thread 类和实现 Runnable 接口两种方法实现。

2. 编写一个 Java Applet。

创建两个线程,分别在 Applet 的不同位置画圆和矩形,圆和矩形的颜色以不同的速度变化,圆的颜色变化次数和矩形的颜色变化次数的和显示在 Applet 上部。

习题五

1. 举出几种程序里需要使用多线程机制的情况。
2. 简述并区分程序、进程和线程三个概念。线程有哪几个基本的状态?
3. 在程序中使用多线程可以用哪两种基本方法?Runnable 接口包含的方法有哪些?
4. 哪些情况下一个正在执行的线程会暂时停止执行?
5. 哪些情况下一个活动的线程会终止?
6. 叙述一种引起死锁的情况。
7. 说明下列说法是否正确,为什么?
(1) 语句 mt. setPriority (12);将线程对象 mt 的优先级设置为 12。
(2) 挂起、阻塞或等待的线程都能够恢复运行,但是停止运行的线程将不可能再复生。
(3) 一个线程因为输入/输出操作被阻塞时,执行 resume()方法可以使其恢复就绪状态。
8. 下面的程序片断是否有错?如果有错,错在何处,应如何更正?

```java
public class MyThread implements Runnable{
    public static void main(String argv[])
    {
        MyThread t = new MyThread();
        Thread t = new Thread(t);
        t.start();
    }
    public void start()
    {
        for(int i=0;i<100;i++)
            System.out.println(i);
    }
}
```

9. 请编制一个程序,每隔一分钟显示一次当前的时间。

第6章 异常处理

6.1 异常的概念

6.1.1 案例：异常处理方法演示

程序在执行过程中可能会发生多种程度不同的错误，这些错误与编译错误不同，不是程序语法的错误，而是由运行时遇到的一些特殊情况引起的。例如，由于网络的问题不能正常从网络服务器获取数据等。

程序运行时发生的错误，在 Java 语言中称之为异常，它会使程序的运行流程发生改变。对于异常可以采取多种方式进行处理，如终止程序运行，这是最简单的方法。当然，大多数情况下用户不希望采取这种处理方法。当发生错误时，用户一般会希望程序能够给出足够的错误信息，继续运行。因此，一个好的程序员在编写程序时，必须预测程序执行过程中可能发生的各种异常情况。Java 语言提供了一种不同于传统程序设计语言的异常处理方法，使程序员可以方便地检测和处理各种异常情况。下面先看一个例子。

【程序 6.1】 异常处理方法演示。

```java
public class ExceptionDemo
{
    static int[] IntArrayAdd(int []a,int []b)
    {
        int []c = new int[a.length];
        for(int i=0;i<c.length;i++)
            c[i]=a[i]+b[i];
        return c;
    }
    public static void main (String[] args)
    {
        int []a = new int[20];
        int []b = new int[10];
        for(int i=0;i<20;i++)
            a[i] = i;
        for(int i=0;i<10;i++)
```

```
            b[i] = i;
        try{
        int []c = IntArrayAdd(a,b);
        for(int i=0;i<c.length;i++)
            System.out.print(" "+c[i]);
        }catch(Exception e){
          System.out.println("There is an error!");
        }
      }
    }
```

程序运行结果为

There is an error!

从第 3 章有关数组的知识可以知道，程序 6.1 的 main 方法在调用方法 IntArrayAdd 对数组 b 访问时下标超界，产生一个异常。由于程序 6.1 采用了 Java 语言中的异常处理方法，程序执行流程发生变化，转到语句 System.out.println("There is an error! ")执行。

6.1.2 异常处理

传统的程序设计语言(例如 C 语言)需要程序员检测错误发生的原因并对其进行处理，这样就需要在正常执行流程中增加一些 if-else 语句或 switch-case 语句来检测函数的返回值或全局的错误代码，判断发生了什么类型的错误。这种处理方法使得程序的流程变得复杂，难以阅读理解，而 Java 语言的异常处理机制使得错误信息的处理和流程控制变得很简单。

观察一下程序 6.1 可以发现，程序中的错误在 IntArrayAdd 方法中发生，但是该方法中并没有错误处理语句，既没有用返回值标志错误发生，也没有设置一个 main 方法和 IntArrayAdd 方法可以共同访问的变量用于传递错误信息。那么，错误信息是怎样从 IntArrayAdd 方法传递到 main 方法的呢？

实际上 IntArrayAdd 方法在超界访问数组元素时抛掷了一个异常，创建了一个异常对象用于存储错误信息，由于 IntArrayAdd 方法没有处理该异常，Java 虚拟机终止 IntArrayAdd 方法的执行，然后自动返回到 main 方法，将流程转入异常处理部分。

与传统的错误处理方法相比，Java 语言的异常处理机制有很多优点。它将错误处理代码从常规代码中分离出来，例如程序 6.1 的 main 方法中先调用 IntArrayAdd 方法然后输出结果，中间并没有插入错误处理的代码，而按照传统方法的程序结构，程序应该是这样的：

    调用 IntArrayAdd 方法
    if(发生错误)
        输出错误信息
    else
        输出结果

当错误类型较多，需要分别处理时，采用这种方法很显然会使程序流程变得十分复杂。

异常处理机制带来的另一个好处是错误的传播，Java 异常会自动在方法调用堆栈中传播，例如程序 6.1 异常从 IntArrayAdd 方法自动传递到 main 方法。

另外，Java 异常处理机制克服了传统方法的错误信息有限的问题，可以针对不同的错误类型定义不同的异常类，异常处理机制会根据异常对象的类型寻找匹配的错误处理代码。

6.2 Java 语言异常的处理

6.2.1 try-catch 块

Java 语言中异常的捕捉是通过 try-catch 块来实现的，其语法形式为

```
try{
    //程序正常的流程，有可能抛掷异常
}
catch(异常类名  异常对象名){
    //错误的处理
}
finally{
    //如果 try 部分代码执行完或 catch 部分代码执行完，则执行该部分代码
}
```

try 块为程序正常的流程，如果发生异常，则终止 try 块的执行转入 catch 块。对于一个 try 块，可以有多个 catch 块，每个 catch 后的异常类名应不同，Java 语言根据异常对象的类型从上向下匹配，执行第一个与之匹配的 catch 块。

Java 语言中所有的异常类都是 Throwable 类的子类，用户可以从已有的异常类派生新的类，用于处理用户程序中特有的错误类型。如果找不到匹配的 catch 块，则该异常继续在调用堆栈中传播，传递给调用该方法的方法。

由于可以将一个派生类对象看成是一个超类的对象，因此，如果多个 catch 块后的异常类有继承关系，则应将派生类放在前面。例如，当程序中数组下标超界时，Java 抛掷出 ArrayIndexOutOfBoundsExeption 类的异常对象，该异常类是 Exception 的派生类，因此应将 ArrayIndexOutOfBoundsExeption 异常类的 catch 块放在前面。例如下面的程序段：

```
int a[] = new int[10];
try{
    for(int i=0;i<=10;i++)
        a[i]=i;
}catch(ArrayIndexOutOfBoundsException e){
    System.out.println("Array Index out of Bounds");
}catch(Exception e){
    System.out.println("There is an exception");
}
```

该程序段将输出：

Array Index out of Bounds

而如果将这两个 catch 块的顺序对调，则变成下面的形式：

```
int a[] = new int[10];
try{
    for(int i=0;i<=10;i++)
        a[i]=i;
}catch(Exception e){
    System.out.println("There is an exception");
}
catch(ArrayIndexOutOfBoundsExeption e){
    System.out.println("Array Index out of Bounds");
}
```

程序将执行第一个 catch 块，输出：

There is an exception

catch 块中的异常对象名相当于方法中的形式参数，作用范围为该 catch 块，它是对捕获到的异常对象的引用，可以通过它获得有关错误信息。

finally 块对于 try-catch 块是可选的，当 try 部分的代码正常执行完或发生异常时，由某个 catch 块进行捕获处理后执行其中的代码。如果没有匹配的 catch，则发生异常后直接执行 finally 部分的语句。finally 语句不被执行的唯一情况是在 try 块内执行终止程序的 System.exit()方法。

【程序 6.2】 异常处理的执行顺序。

```
public class FinallyBlock
{
    public static void main (String[] args)
    {
        int i = 0;
        String greetings [] = {
            "Hello world!",
            "No, I mean it!",
            "HELLO WORLD!!"
        };
        while (i < 4) {
            try {
                System.out.println (greetings[i]);
            } catch (ArrayIndexOutOfBoundsException e){
                System.out.println( "Re-setting Index Value");
                i = -1;
            } finally {
                System.out.println("This is always printed");
```

```
        }
            i++;
        }
    }
}
```
程序运行时重复输出下面的内容，可按 Ctrl + C 键终止：

  Hello world!
  This is always printed
  No, I mean it!
  This is always printed
  HELLO WORLD!!
  This is always printed
  Re-setting Index Value
  This is always printed

6.2.2 异常的抛掷

异常的抛掷是由 throw 语句来实现的，如果程序中检测到一个错误，可以创建一个异常对象，然后使用 throw 抛掷。例如：

  throw new Exception();

该语句直接调用 Exception 类的构造方法创建一个 Exception 类的对象并抛掷该对象。Exception 类从 Throwable 类派生而来，它含有两个构造方法：

- public Exception();
- public Exception(String msg)。

根据错误类型的不同，创建的异常对象的类型也不相同。

如果一个方法成员有可能抛掷异常，应在定义该方法成员时使用 throws 关键字声明其可能抛掷的异常种类，在方法定义的头部加上以下语句：

  throws 异常类名列表

例如，Thread 类的方法 sleep 的定义为

  public static native void sleep(long mills) throws InterruptedException

若采用 throws 声明方法抛掷异常，Java 语言编译器将检查调用该方法是否进行异常捕捉。例如，程序 5.3 在 run 方法中调用线程类 Thread 类的 sleep 方法，如果将异常捕捉的语句去掉，编译时将出现以下提示：

  Exception "InterruptedException" not caught or declared by "void Ad.run()"

该提示信息要求 run 方法捕捉处理该异常，或在定义 run 方法时声明该方法可能抛掷 InterruptedException 类型的异常，然后由调用该方法的代码捕捉处理该异常。

6.2.3 实例

程序 6.3 演示了 try-catch 和 throw 语句的使用，该程序在 KeyboardInput 类中定义了两

个静态方法 ReadInt 和 ReadDouble,从标准输入设备读取 int、double 类型数据。首先调用 ReadLine 方法读取一行字符串,然后将该字符串转换为 int、double 类型数据。如果在转换的过程中发生错误,输入错误的数据,则抛掷 NumberFormatException 类的异常,用 ReadInt 和 ReadDouble 方法捕捉该异常,然后抛掷 Exception 异常。ExceptionDemo 类在 main 方法中捕捉异常,调用 Exception 类的方法 getMessage 来获取错误信息。

【程序 6.3】 异常处理实例。

```java
import java.io.IOException;
class KeyboardInput {
    static int ReadInt() throws Exception
    {
        String str = ReadLine();
        try{
            return new Integer(str).intValue();        //将读入的字符串转换为 int 类型
        }catch(NumberFormatException e){
            throw new Exception("输入数据错误");
        }
    }
    static double ReadDouble() throws Exception {
        String str = ReadLine();
        try{
            return new Double(str).doubleValue(); //将读入的字符串转换为 double 类型
        }catch(NumberFormatException e){
            throw new Exception("输入数据错误");
        }
    }
    static String ReadLine()
    {
        char in;
        String inputstr = "";
        try{
            in = (char)System.in.read();
            while(in!='\n'){
                if(in!='\r')
                    inputstr = inputstr+in;
                in = (char)System.in.read();
            }
        }
        catch(IOException e){
            inputstr = "";
```

```
            }
            return inputstr;
        }
    }
    public class ExceptionDemo
    {
        public static void main (String[] args)
        {
            try{
                System.out.println("The input double is "+KeyboardInput.ReadDouble());
                System.out.println("The input integer is "+KeyboardInput.ReadInt());
            }catch(Exception e){
                System.out.println(e.getMessage());
            }
        }
    }
```

6.3 异常的类型

6.3.1 Java 异常类层次

Java 中所有的异常类都是从 Throwable 类派生出来的。Throwable 类有两个直接子类：Error 类和 Exception 类。

Error 类及其子类主要用来描述一些 Java 运行时系统内部的错误或资源枯竭导致的错误，普通的程序不能从这类错误中恢复。应用程序不能抛掷这种类型的错误，这类错误出现的几率是很小的。

另一个异常类的分支是 Exception 类和它的子类。在编程中，对错误的处理主要是对这类错误的处理。Exception 类是普通程序可以从中恢复的所有标准异常的超类。

Exception 类又有两个分支：从 RuntimeException 中派生出来的类和不是从 RuntimeException 类中派生的类。这是根据错误发生的原因进行分类的。

RuntimeException 是程序员编写程序不正确所导致的异常，RuntimeException 类的错误又包括：错误的强制类型转换(ClassCastException)、数组越界访问(IndexOutOfBoundsException)、空指针操作(NullPointerException)等。对于这类错误，Java 语言不强制要求程序捕获。

其他的异常则是由一些异常情况造成的，不是程序本身的错误，比如：输入/输出错误(IOException)、试图为一个不存在的类找到一个代表它的 class 类的对象(ClassNotFoundException)等。对于这类异常，Java 语言要求程序必须处理，如果发生异常的方法本身不处理该异常，则方法头部必须使用 throws。

6.3.2 创建自己的异常类

用户定义异常类是通过派生 Exception 类来创建的,这种异常类可以包含一个"普通"类所包含的任何东西。下面就是一个用户定义异常类的例子,它包含一个构造函数、几个变量以及方法。例如:

```
class MyException extends Exception{
    private int ErrorCode;
    MyException(int ecode){
       super("自定义的异常类型");
       ErrorCode = ecode;
    }
    public int getErrorCode(){
       return ErrorCode;
    }
}
```

定义上面的异常类后,可以通过下面的语句抛掷 MyException 类的异常:

```
throw new MyException(1);
```

程序 6.4 演示了异常类的定义、异常抛掷和捕捉。程序运行后从键盘输入 10 个英文字母,如果输入非英文字母的字符,则抛掷自定义的 notLetterException 类型的异常。

【程序 6.4】 异常类的定义、异常抛掷和捕捉。

```
import java.io.IOException;

class notLetterException extends Exception{    //异常类定义
    public notLetterException(){
       super("Not an English letter");
    }
}

public class getLetter
{
    void ReadLetter(char []s) throws notLetterException,IOException{
       char c;
       for(int i=0;i<s.length;i++){
          c = (char)System.in.read();
          if((c>='A'&&c<='Z')||(c>='a'&&c<='z'))
              s[i] = c;
          else
              throw new notLetterException();   //异常的抛掷
       }
```

```
        }
        public static void main (String[] args)
        {
            char []s = new char[10];
            getLetter g = new getLetter();
            try{
                g.ReadLetter(s);
            }catch(notLetterException e){ //捕捉自定义的异常
                System.out.println(e.getMessage());
            }catch(IOException e){
                System.out.println("I/O error");
            }
        }
    }
```

实训六　处理并创建异常

一、实训目的

(1) 理解 Java 异常的概念。
(2) 掌握异常捕捉的方法。
(3) 掌握异常抛掷的方法。
(4) 掌握如何自定义异常类。

二、实训内容

1．编写一个程序。
访问数组元素下标超界产生异常，使用 try 和 catch 语句捕捉该异常并输出出错信息。
2．创建自己的异常。
编写一个 Java 应用程序，从键盘输入若干个正整数，如果输入负数，则抛掷自定义的异常，输出错误信息后程序继续运行，直到输入为 0 时终止运行。

习题六

1．什么是编译错误？什么是运行时错误？
2．Java 的错误处理机制是什么？
3．写出三个常见的系统定义的异常，它们都是什么类的子类？
4．为什么用户程序需要创建自己的异常类？用户程序如何抛掷自己的异常？
5．写出下列程序的输出结果。

```java
import java.io.*;
public class TestClass
{
    public static void main (String[] args)
    {
        try{
            System.out.println("First: "+passingGrade(60,80));
            System.out.println("Second: "+passingGrade(75,0));
            System.out.println("Three: "+passingGrade(90,100));
        }
        catch(Exception e){
            System.out.println("Caught exxception --"+e.getMessage());
        }
    }

    static boolean passingGrade(int correct,int total) throws Exception{
        boolean returncode = false;
        if(correct<total)
            throw new Exception("Invalid values");
        if((float)correct/(float)total>0.70)
            returncode=true;
        return returncode;
    }
}
```

第 7 章 输入/输出

7.1 流和文件

7.1.1 流

Java 语言的输入/输出功能是通过流类来实现的，java.io 包提供了一套丰富的流类，可以完成从基本的输入/输出到复杂的随机文件访问，包括 Java 中的网络操作也是通过流来完成的。

流是一个很形象的概念，当程序需要读取数据时，就会开启一个通向数据源的流，这个数据源可以是文件、内存或网络连接。当程序需要写入数据时，就会开启一个通向目的地的流。可以想像，数据好像在其中流动，如图 7.1 所示。

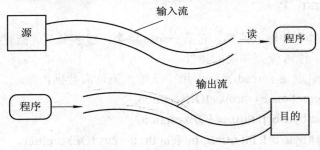

图 7.1 流的概念

按照处理数据的单位 Java 中的流可分为两种：一种是字节流，另一种是字符流。它分别由 InputStream、OutputStream、Reader 和 Writer 四个抽象类来表示。Java 中的其他多种多样的流类均是由它们派生出来的。早期的 Java 版本仅提供 InputStream 和 OutputStream，它们是基于字节的流，而基于字符流的 Reader 和 Writer 是作为补充后来加入的。

本书主要介绍字节流的使用。字符流的使用与字节流的十分相似，只是它们的读/写单位是 Unicode 字符，而字节流的读/写单位是字节。

按照对流中数据的处理方式，Java 语言中的流可分为文本流和二进制流。文本流是一个字符序列，在文本流中可按需要进行某些字符的转换，被读/写的字符和外部设备之间不存在一一对应的关系，被读/写字符的个数可能与外部设备中字符的个数不一样。例如，标准输出流 System.out 就是文本流，程序中不同类型的数据经过转换后输出到标准输出设备。二进制流在读/写过程中不进行转换，外部设备中的字节(或字符)与被读/写的字节(或字符)一一对应。

由于 Java 输入/输出涉及的类非常多，本章首先介绍几个基本的抽象类，然后着重讨论文件的输入/输出操作。本书第 8 章将讨论部分有关网络编程的流类的使用。

7.1.2 文件

文件也是一个逻辑概念。计算机系统中的文件不仅指通常的磁盘文件，还包括很多外部设备，如键盘、显示器、打印机等，这些都可以看成是文件。

Java 语言中对文件的读/写操作都是通过流来完成的。通过对文件的打开操作，可以建立流与特定文件之间的联系。可以使用输入流从文件里读出字节，并将这些字节保存到临时的字节数组中，或者使用输出流把它们写到新的文件中。

值得注意的是，并不是所有的文件都具有相同的功能，例如磁盘文件支持随机存取，而标准输入和标准输出只能顺序存取。

使用关闭操作，可以解除流与特定文件之间的联系。对于一个输出流，关闭流会使其相关的缓冲区中的所有内容写到外部设备。在程序终止前，应该关闭所有打开的流。

7.2 基本输入/输出类

7.2.1 InputStream 类

InputStream 是基本的输入流类，它是一个抽象类，程序中不可能直接创建 InputStream 类的对象，它定义了输入流类共同的特性。

InputStream 类中定义了 read 方法，用于从输入流读取数据：
- public abstract int read() throws IOException；
- public int read(byte b[]) throws IOException；
- public int read(byte b[], int offset, int length) throws IOException。

read 方法有几种重载形式，可以读取一个字节或一组字节。若流中数据已读完，例如遇到磁盘文件尾，则返回 −1。第三种形式的参数 offset 指将结果放在数组 b[]中从第 offset 个字节开始的空间，length 为字节长度。

InputStream 类中还定义了其他一些基本方法：
- public int available() throws IOException——返回输入流中可用的字节数。此方法对 InputStream 的有些派生类无效，会返回零字节的错误结果。
- public void close() throws IOException——关闭输入流，并释放资源。
- public boolean markSupported()——返回布尔值，说明此流能否做标记。
- public synchronized void mark(int readlimit)——为当前流做标记。其参数说明在标记失效前可以读多少字节，这个值通常也就设定了流的缓冲区大小。
- public synchronized void reset() throws IOException——返回到上一次做标记处。
- public long skip(long n) throws IOException——从输入流跳过几个字节。返回值为实际跳过的字节数。

输入流只能从外部设备顺序读取数据，为了能重复读部分内容，提供"标记"(mark)这一机制，用于记录流中某些特定的位置。要支持 mark，要求输入流有一定大小的缓冲区，用于存放部分数据，即从标记点到当前位置的数据。当这一缓冲区装满溢出，无法追踪到上一个标记处的数据时，标记失效。若用 reset 返回到一个失效的标记处，将会发生输入/输出异常(IOException)。

7.2.2 OutputStream 类

OutputStream 是基本的输出流类，与 InputStream 类一样也是抽象类，它定义了输出流类的共同特性。

OutputStream 类定义了 write 方法，它用于输出数据：
- public abstract void write(int b) throws IOException；
- public void write(byte b[]) throws IOException；
- public void write(byte b[], int offset, int length) throws IOException。

这三种重载形式都是用来向输出流写数据的。参数 b 为要输出的数据，第三种形式中 offset、length 参数的作用与输入流类的 read 方法的类似。

OutputStream 类的其他方法主要有：
- public void flush()——清除缓冲区，将缓冲区内尚未写出的数据全部输出。若要继承 OutputStream 类，这个方法必须重写，因为 OutputStream 中的方法未做任何实质性工作。
- public void close()——关闭输出流，释放资源。

7.2.3 PrintStream 类

为了在标准输出流上提供更灵活方便的输出，Java 语言定义了输出类 PrintStream，标准输出流对象 System.out 就是 PrintStream 类的实例。

PrintStream 类可以使用 OutputStream 类中定义的方法：
- public void write(int b)；
- public void write(byte b[], int offset, int length)；
- public void flush()；
- public void close()。

更重要的是，PrintStream 类提供了 print 和 println 方法，用于输出各种类型的数据(如 int、double 类型)，并将各种不同类型的数据转换为字符串输出。

print 方法的主要形式有：
- public void print(Object obj)；
- public void print(String s)；
- public void print(char s[])；
- public void print(char c)；
- public void print(int i)；
- public void print(long l)；
- public void print(float f)；

- public void print(double d);
- public void print(boolean b)。

println 方法与 print 方法形式相同，在输出时除输出数据外还输出一个换行符。println 还有一个不带参数的形式：

   public void println()

该方法用于输出一个换行符。

7.2.4 其他常用流类

1. DataInputStream 类与 DataOutputStream 类

InputStream 类、OutputStream 类定义了流类的基本特性，但是它提供的读/写数据的方法比较简单，只提供了一次读/写若干字节的功能，在实际使用时很不方便。

为了解决这个问题，Java 输入/输出包中提供了数据输入流类(DataInputStream)与数据输出流类(DataOutputStream)，对 InputStream 和 OutputStream 类进行包装，以 InputStream 和 OutputStream 类一次读/写若干字节的功能为基础提供了读/写各种类型数据的功能。

数据输入流类 DataInputStream 类构造方法的形式：

   public DataInputStream(InputStream in)

其中，参数 in 为本来的输入流对象。例如，下面的语句创建一个数据输入流类对象从标准输入流读取数据：

    DataInputStream keyInput = new DataInputStream(System.in);

DataInputStream 类提供了读取各种类型数据的方法，例如：

- public final int read(byte[] b) throws IOException；
- public final int read(byte[] b, int off, int len) throws IOException；
- public final boolean readBoolean() throws IOException；
- public final byte readByte() throws IOException；
- public final int readUnsignedByte() throws IOException；
- public final short readShort() throws IOException；
- public final int readUnsignedShort() throws IOException；
- public final char readChar() throws IOException；
- public final int readInt() throws IOException；
- public final long readLong() throws IOException；
- public final float readFloat() throws IOException；
- public final double readDouble() throws IOException。

DataInputStream 类是 FilterInputStream 类的子类，它从 FilterInputStream 类中继承了 skip、available、close、mark、read 等方法，功能与 InputStream 类中同名方法类似，这里不再详细介绍。

DataOutputStream 类用于数据的输出，其构造方法形式：

   public DataOutputStream(OutputStream out)

其中，参数 out 为本来的输出流对象。

DataOutputStream 类定义了很多方法，用于输出各种类型的数据，例如：
- public final void writeBoolean(boolean v) throws IOException；
- public final void writeByte(int v) throws IOException；
- public final void writeShort(int v) throws IOException；
- public final void writeChar(int v) throws IOException；
- public final void writeInt(int v) throws IOException；
- public final void writeLong(long v) throws IOException；
- public final void writeFloat(float v) throws IOException；
- public final void writeDouble(double v) throws IOException；
- public final void writeBytes(String s) throws IOException；
- public final void writeChars(String s) throws IOException。

DtaOutputStream 类是 FilterOutputStream 类的子类，它从该类继承了 close 和 write 方法，write 方法的功能及形式和 OutputStream 类的同名方法类似，close 方法用于关闭输出流。

2. InputStreamReader 类与 OutputStreamWriter 类

InputStream 类与 OutputStream 类都是字节流，而 Java 语言本身采用的是 Unicode 字符集，使用 InputStream 类与 OutputStream 类读/写双字节的中文信息有时会出现问题，不能正确处理。

Java 语言输入/输出包从 JDK 1.1 版开始提供了 Reader 类、Writer 类读/写字符流，但是 JDK 1.1 版以前的输入/输出功能都是通过字节流来实现的。为了能够处理这部分类型的流对象，JDK 1.1 版提供了 InputStreamReader 类与 OutputStreamWriter 类，它们分别是 Reader、Writer 类的子类，它们提供了从字节流到字符流的转换。

InputStream Reader 类的构造方法有四种形式：
- public InputStreamReader(InputStream in)；
- public InputStreamReader(InputStream in, String charsetName) throws UnsupportedEncodingException；
- public InputStreamReader(InputStream in, Charset cs)；
- public InputStreamReader(InputStream in, CharsetDecoder dec)。

参数 in 为原来的字节流对象，charsetName、cs 和 dec 均用于指定字符编码集。

InputStreamReader 类提供了以下与 InputStream 类相似的方法，这些方法用于读取数据，不过它们是以字符为单位的。
- public int read() throws IOException；
- public int read(char[] cbuf, int offset, int length) throws IOException。

InputStreamReader 类的其他常用的方法还有：
- public boolean ready() throws IOException——判断输入流是否已准备好，即是否可以读取数据。
- public void close() throws IOException——关闭输入流。

OutputStreamWrite 类的构造方法有以下四种形式：
- public OutputStreamWriter(OutputStream out)；

- public OutputStreamWriter(OutputStream out, Charset cs);
- public OutputStreamWriter(OutputStream out, CharsetEncoder enc);
- public OutputStreamWriter(OutputStream out, String charsetName)throws UnsupportedEncodingException。

参数 out 为原来的字节输出流，cs、enc 和 charsetName 用于指定字符编码集。

对于中文信息的输入/输出，可采用相应的汉字编码集，例如：

  InputStreamReader in =new InputStreamReader(System.in, "GB2312");

  OutputStreamWriter out=new OutputStreamWriter(System.out, "GB2312");

OutputStreamWriter 类常用的方法主要有以下几个：

- public void write(int c) throws IOException；
- public void write(char[] cbuf, int off, int len) throws IOException；
- public void write(String str, int off, int len) throws IOException。

以上三种方法用于向输出流输出数据，功能与 OutputStream 类的同名方法类似，不过它们是以字符为单位的。

- public long skip(long n) throws IOException——从输入流跳过几个字符。返回值为实际跳过的字符数。
- public void flush() throws IOException——刷新输出流。
- public void close() throws IOException——关闭输出流。

3. BufferedReader 类与 BufferedWriter 类

BufferedReader 类与 BufferedWriter 类分别是 Reader 类和 Writer 类的子类，它们为 Reader 类对象和 Writer 类对象提供输入和输出缓冲区，以提高输入/输出的效率。

BufferedReader 类的构造方法形式：

- public BufferedReader(Reader in);
- public BufferedReader(Reader in, int sz)。

参数 in 为字符输入流对象，参数 sz 用于指定缓冲区大小。

除了从 Reader 类继承的方法外，BufferedReader 类还提供了读取一行字符的方法：

  public String readLine() throws IOException

BufferedWriter 类的构造形式：

- public BufferedWriter(Writer out);
- public BufferedWriter(Writer out, int sz)。

参数 out 为字符输出流对象，sz 用于指定缓冲区的大小。

除了从 Writer 类继承的方法外，BufferedWriter 类还提供了在输出流中插入换行符的方法：

  public void newLine() throws IOException

在第 8 章的例子中读者将可以看到这里介绍的几个流类的例子。

7.3 文件的输入/输出

7.3.1 FileInputStream 类

磁盘文件的输入/输出操作是 Java 语言中流类最基本的应用，磁盘文件的输入操作由 FileInputStream 类来实现。

FileInputStream 类是文件输入流类，最常用的构造方法只需提供文件名即可，形式如下：

    public FileInputStream(String fileName) throws FileNotFoundException

FileInputStream 类是 InputStream 类的派生类，它覆盖了 InputStream 类中的 read、skip、available、close 等方法。程序 7.1 演示了磁盘文件的读取方法，运行该程序将显示 FileInput.java 文件的内容。

【程序 7.1】 显示文本文件。

```java
import java.io.*;
public class FileInput
{
    public static void main (String[] args)
    {
        byte buffer[] = new byte[2048];
        try{
            FileInputStream fileIn = new FileInputStream("FileInput.java");
                    //创建 FileInputStream 类对象，打开文件
            int bytes = fileIn.read(buffer,0,2048);   //文件内容读入到 buffer
            String str = new String(buffer,0,bytes); //利用 buffer 内容创建字符串
            System.out.print(str);                    //输出字符串内容
        }
        catch(Exception e){
            System.out.println(e.toString());
        }
    }
}
```

7.3.2 FileOutputStream 类

FileOutputStream 类提供了写文件的功能，它从 OutputStream 类派生而来。

FileOutputStream 类最常用的构造方法与 FileInputStream 类的类似，只需提供文件名作参数，形式如下：

    public FileOutputStream(String fileName) throws FileNotFoundException

FileOutputStream 类覆盖了 OutputStream 类中的 write、close、flush 等方法。程序 7.2

演示了创建磁盘文件的方法,完成了对磁盘文件的复制。

【程序 7.2】 复制文件。

```java
import java.io.*;
public class FileCopy
{
    public static void main (String[] args)
    {
        if(args.length!=2){
            System.out.println("命令行参数不正确");
            System.exit(1);
        }
        try{
            FileInputStream inFile = new FileInputStream(args[0]);    //打开源文件
            FileOutputStream outFile = new FileOutputStream(args[1]); //打开目标文件
            while(inFile.available()>0){
                int c = inFile.read();            //从源文件读一字节
                outFile.write(c);                 //写入到目标文件
            }
            inFile.close();                       //关闭源文件
            outFile.close();                      //关闭目标文件
            System.out.println("文件复制成功");
        }
        catch(Exception e)
        {
            System.out.println("文件复制失败");
        }
    }
}
```

程序 7.2 从命令行获得源文件名和目标文件名(保存在 main 方法的 args 参数中)。首先判断参数的个数,如果参数个数不为 2,则显示出错信息后退出;如果参数个数正确,则打开第一个参数(args[0])指定的文件,将其内容复制到第二个参数指定的文件。如果第二个参数指定的文件不存在,则创建一个新文件;如果该文件存在,则原来的内容将被覆盖。

如果使用 JDK 调试程序 7.2,运行该程序时可在命令行输入:

    java FileCopy *FileCopy.java FileCopy.bak*

其中,斜体字部分为传递给程序的命令行参数,上面的命令行表示将 FileCopy.java 复制到 FileCopy.bak。

如果在 Eclipse 集成环境下调试该程序,可在"New Run Configuration"的对话框中输入命令行参数,如图 7.2 所示。

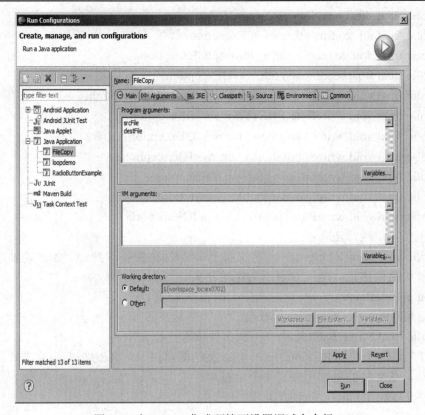

图 7.2 在 Eclipse 集成环境下设置调试命令行

7.3.3 RandomAccessFile 类

FileInputStream 类与 FileOutputStream 类对磁盘文件的操作仅限于顺序读或顺序写，但很多时候希望访问文件中的某一块数据，或者按照某种逻辑顺序而不是数据在文件中存储的物理顺序访问文件，java.io 包提供了 RandomAccessFile 类来实现磁盘文件的随机访问。

RandomAccessFile 类不是 InputStream 类或 OutputStream 类的子类，但它定义了与 InputStream 类和 OutputStream 类相似的 read、write 等方法，它们的使用方法与 FileInputStream、FileOutputStream 的类似。

RandomAccessFile 类构造方法常用形式如下：

  public RandomAccessFile(String Filename,String mode) throws IOException

mode 参数为文件读/写方式，用"r"表示只读，"rw"表示可读/写，与 C 语言文件打开的参数的含义类似。

与 FileInputStream、FileOutputStream 相比，RandomAccessFile 的使用更灵活、更方便，它定义了很多方法，用于读/写各种类型的数据，例如：

- public final boolean readBoolean()throws IOException；
- public final byte readByte() throws IOException；
- public final char readChar() throws IOException；

- public final short readShort() throws IOException；
- public final int readInt() throws IOException；
- public final double readDouble() throws IOException；
- public final float readFloat() throws IOException；
- public final void writeBoolean(boolean v) throws IOException；
- public final void writeByte(byte v) throws IOException；
- public final void writeChar(char v) throws IOException；
- public final void writeShort(short v) throws IOException；
- public final void writeInt(int v) throws IOException；
- public final void writeDouble(double v) throws IOException；
- public final void writeFloat(float v) throws IOException。

其他主要方法成员还有：
- public void seek(long pos)——将文件当前读/写位置移动到一个绝对地址，该地址是相对于文件头的偏移量。地址 0 表示文件的开头。
- long getFilePointer()——返回文件当前读/写位置。
- long length()——返回文件的长度。
- public final String readLine()——从文件读取一行文本。

程序 7.3 是一个使用 RandomAccessFile 类的简单例子，该程序以读/写方式打开一个已存在的文件，在文件的尾部添加了一个字符串。

【程序 7.3】 RandomAccessFile 类的使用。

```
import java.io.IOException;
import java.io.RandomAccessFile;
public class FileTest
{
    public static void main(String args[])
    {
        RandomAccessFile myRAFile;
        String s = "Information to Append\nHello!\n";
        try{
            myRAFile = new RandomAccessFile("file1.txt","rw");     //打开文件
            myRAFile.seek(myRAFile.length());                       //移动到文件尾
            myRAFile.writeBytes(s);                                 //添加数据
            myRAFile.close();
        }catch(IOException e)
        {
            System.out.print(e.getMessage());
        }
    }
}
```

7.3.4　File 类

File 类并不是流类，但在处理磁盘文件时经常会用到，它可以完成文件的删除、创建等操作。

File 类有两个经常会用到的与平台相关的属性。一个是 seperatorChar，它是系统的名字分隔符，在 UNIX 平台上为"/"，在 Windows 平台上为"\"。另一个是路径分隔字符，在 UNIX 平台上为":"，而在 Windows 平台上为";"，如在 Windows 95 中使用 path 命令设置路径时，多个文件夹名之间采用";"分隔。

File 类的构造方法有三种形式，分别为根据文件名、文件路径与文件名、文件对象(目录)与文件名创建对象：

- public File(String path);
- public File(String path,String name);
- public File(File dir,String name)。

习惯使用 Windows 平台的读者应注意，File 类所指的文件包含文件和文件夹(子目录)，可以使用 File 类的方法创建、删除和更名子目录。

File 类常用的方法成员还有：

- public boolean canWrite()——测试文件和目录是否可写；
- public boolean canRead()——测试文件和目录是否可读；
- public boolean exists()——测试文件和目录是否存在；
- public boolean delete()——删除文件或目录，若删除目录，要求该目录必须为空；
- public boolean createNewFile()——当且仅当该文件不存在时，创建一个空文件；
- public boolean isDirectory()——判断 File 对象是否为目录；
- public boolean isFile()——判断 File 对象是否为文件；
- public boolean isHidden()——测试文件或目录是否隐含；
- public long lastModified()——获取文件或目录的最后修改时间；
- public boolean setLastModified(long time)——设置文件或目录的最后修改时间；
- public String[] list()——得到当前目录下的所有文件名和目录名，若该 File 对象不是表示目录，则返回 null；
- public boolean mkdir()——创建一个目录；
- public boolean mkdirs()——创建一个目录树，包括原来不存在的父目录；
- public boolean renameTo(File dest)——重命名文件或目录，成功返回 true；
- public boolean setReadOnly()——将文件或目录设置为只读。

程序 7.4 使用 File 类列出当前目录下的所有文件和子目录名。

【程序 7.4】　当前目录文件列表。

```
import java.io.File;
public class DirList {
    public static void main(String[] args) {
        File path = new File(".");
        String[] list = path.list();
```

```java
        for(int i = 0; i < list.length; i++)
            System.out.println(list[i]);
    }
}
```

【程序 7.5】 File 类的文件管理功能演示。

```java
import java.io.*;
public class demofile
{
    private final static String usage=
    "Usage:demofile path1...\n"+
    "Create each path\n"+
    "Usage:demofile -d path1...\n"+
    "Deletes each path\n"+
    "Usage:demofile -r path1 path2\n"+
    "renames from path1 to path2\n";
    private static void usage()
    {
        System.err.println(usage);
        System.exit(1);
    }
    private static void fileData(File f)
    {
        try{
            System.out.println("Absolute path:"+f.getAbsolutePath()+
                                "\r\n Can read:"+f.canRead()+
                                "\r\n Can write:"+f.canWrite()+
                                "\r\n getName:"+f.getName()+
                                "\r\n getParent:"+f.getParent()+
                                "\r\n getPath:"+f.getPath()+
                                "\r\n getCanonicalPath:"+f.getCanonicalPath()+
                                "\r\n to string:"+f.toString());
            if(f.isFile())
                    System.out.println(" it is a file");
            else if(f.isDirectory())
                    System.out.println(" it is a directory");
        }catch(Exception e){
            String err = e.toString();
            System.out.println(err);
        }
```

```java
    }
    public static void main (String[] args)
    {
        if(args.length<1)
            usage();
        if(args[0].equals("-r")){
            if(args.length!=3) usage();
            File old = new File(args[1]);
            File rname=new File(args[2]);
            old.renameTo(rname);
            fileData(old);
            fileData(rname);
            return;
        }
        int count = 0;
        boolean del=false;
        if(args[0].equals("-d")){
            count++;
            del = true;
        }
        for(;count<args.length;count++){
            File f = new File(args[count]);
            if(f.exists()){
                System.out.println(f+"Exists");
                if(del){
                    System.out.println("deleting..."+f);
                    f.delete();
                }
            }
            else{
                if(!del){
                    f.mkdirs();
                    System.out.println("created "+f);
                }
            }
            fileData(f);
        }
    }
}
```

程序 7.5 使用 File 类实现了目录的创建、删除和重命名，该程序从命令行获取参数，然后执行相应的操作。例如，输入命令：

  java demofile *newdir1 newdir2*

斜体部分为传递给命令行的参数，即在当前目录下创建 newdir1 和 newdir2 子目录。

输入命令：

  java demofile –d *newdir1*

将删除 newdir1 子目录。

输入命令：

  java demofile –r *newdir2 newdir3*

将子目录 newdir2 命名为 newdir3。

7.4 编程实例

最后再来看一个例子，该程序将文件 text.src 的内容连接到 text.des 文件原有内容的后面，然后显示文件 text.des 的有关信息，最后显示文件的内容。

【程序 7.6】 文件的连接。

```java
import java.io.*;

public class fileUnion{
  public static void main(String args[]){
    try{
      //创建输入流
      FileInputStream inStream = new FileInputStream("text.src");
      //创建 RandomAccessFile 对象，以便随机读/写。"rw"代表可读可写
      RandomAccessFile rafile = new RandomAccessFile("text.des","rw");

      //指针置到文件头
      rafile.seek(rafile.length());

      //读文件内容并写入 text.des
      boolean eof = false;
      while(!eof){
        int c = inStream.read();
        if(c==-1) eof = true;
        rafile.write(c);
      }

      //关闭输入流
```

```java
        inStream.close();

        //获取文件信息
        File file = new File("text.des");
        System.out.println("Parent Directory:"+file.getParent());
        System.out.println("Path:"+file.getPath());
         System.out.println("File Name:"+file.getName());

        //指针置到文件头
        rafile.seek(0);
        eof=false;
        System.out.println("The content:");
        //读文件
        while(!eof){
            int c = rafile.read();
            if(c==-1) eof = true;
            else
                System.out.print((char)c);
        }
        //强制输出缓冲区中所有内容
        System.out.flush();
        //关闭随机访问文件
        rafile.close();
    }catch(FileNotFoundException ex)
    {
        System.out.println("File not Found.");
    }catch(IOException ex)
    {
        System.out.println("RandomAccessFile cause IOException!");
    }
  }
}
```

实训七 输入/输出的实现

一、实训目的

(1) 掌握使用流类完成输入/输出任务的基本原理。

(2) 掌握 FileInputStream 类、FileOutputStream 类、RandomAccessFile 类以及 File 类的

(3) 掌握 DataOutputStream 类、DataInputStream 类、InputStream 类、OutputStream 类、BufferedReader 类与 BufferedWriter 类的基本使用方法。

二、实训内容

1. 编写图形界面的 Java 应用程序。

对指定的文本文件进行操作。图形界面包括"打开"、"保存"和"关闭"三个命令按钮以及一个 TextArea 文本编辑区组件，单击"打开"按钮读取文本文件的内容，将其显示在文本编辑区组件内，单击"保存"按钮将编辑区的内容保存到文本文件中。直接使用 FileInputStream 类和 FileOutputStream 类完成文件内容的读/写。

2. 修改上题的程序。

采用 Data InputStream 类、Data OutputStream 类、BufferedReader 类与 BufferedWriter 类完成文件内容的读/写，比较它们在处理内容时有什么不同。

3. 修改程序 7.4。

在取得文件名列表后，判断每一个文件名是文件还是目录。如果是文件，输出它的长度、是否只读等信息。

4. 编写一个 Java 应用程序。

向文件中写入 10 个整数，关闭文件后以读/写方式打开文件，读入数据，排序后写入原来的文件。

习题七

1. 简述流的概念。
2. 写出下列程序的功能。
(1) 程序一：

```java
import java.io.*;
class filestream
{
    public static void main(String args[])
    {
        try
        {
            File inFile=new File("file1.txt");
            File outFile=new File("file2.txt");
            FileInputStream fis=new FileInputStream(inFile);
            FileOutputStream fos=new    FileOutputStream(outFile);
            int c;
            while((c=fis.read())!=-1)
```

```java
            fos.write(c);
             fis.close();
            fos.close();
        }catch(FileNotFoundException e)
        {
            System.out.println("FileStreamsTest: "+e);
        }catch(IOException e) {
            System.err.println("FileStreamsTest: "+e);
        }
    }
  }
}
```

(2) 程序二：

```java
class datainput_output{
  public static void main(String args[]) throws    IOException
  {
        FileOutputStream fos=new FileOutputStream("a.txt");
        DataOutputStream dos=new DataOutputStream (fos);
            try{
                dos.writeBoolean(true);
                dos.writeByte((byte)123);
                dos.writeChar('J');
                dos.writeDouble(3.141592654);
                dos.writeFloat(2.7182f);
                dos.writeInt(1234567890);
                dos.writeLong(998877665544332211L);
                dos.writeShort((short)11223);
            }finally{
                dos.close();
            }
        DataInputStream dis=new DataInputStream(
                        new FileInputStream("a.txt"));
        try{
                System.out.println("\t "+dis.readBoolean());
                System.out.println("\t "+dis.readByte());
                System.out.println("\t "+dis.readChar());
                System.out.println("\t "+dis.readDouble());
                System.out.println("\t "+dis.readFloat());
                System.out.println("\t "+dis.readInt());
                System.out.println("\t "+dis.readLong());
```

                System.out.println("\t "+dis.readShort());
            }finally
            {
                dis.close();
            }
        }
    }
3. 将键盘上输入的一串字符写到文本文件中。

第 8 章 网络编程概述

8.1 概 述

8.1.1 网络技术基础

Internet 上的计算机之间采用 TCP/IP 协议进行通信，图 8.1 是 TCP/IP 协议体系的层次结构。TCP/IP 没有对 OSI 参考模型中的物理层和数据链路层作出规定，只是定义了网络接口，使得 TCP/IP 协议可以在各种硬件设备上运行。TCP/IP 协议的互联网层负责相邻节点之间的数据传送，处理网络的路由选择、流量控制和拥塞控制等问题。

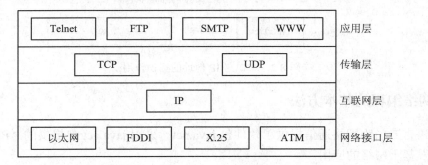

图 8.1 TCP/IP 协议的层次结构

使用 Java 语言编写网络通信程序通常是在应用层，对某些特殊的应用可能需要直接基于传输层协议编程，一般无需关心网络通信的具体细节，特别是互联网层和网络接口层。

传输层提供在源节点和目标节点的两个进程实体之间提供可靠的端到端的数据传输，TCP/IP 模型提供了两种传输层协议，即传输控制协议 TCP 和用户数据报协议 UDP。

TCP 协议是面向连接的，在传送数据之前必须与目标节点建立连接，数据传输结束后关闭连接。而 UDP 协议是一种无连接协议，可直接传输数据，无需事先建立连接，直接发送带有目标节点信息的数据报。不同的数据报可能经过不同的路径到达目标节点，到达时的顺序与出发时的顺序也可能不同。

采用哪种传输层协议是由应用程序的需要决定的，如果可靠性更重要，用面向连接的协议会好一些。比如文件服务器需要保证数据的正确性和有序性，如果一些数据丢失了，系统将会失去有效性。而有一些服务器是间歇性地发送一些数据块的，如果数据丢失，服务器并不需要再重新发送，因为当数据到达时，它可能已经过时了。确保数据的有序性和正确性需要额外的操作和存储空间，这将会降低系统的响应速率。

传输层的上一层是应用层，应用层包括所有的高层协议。早期的应用层有远程登录协议(Telnet)、文件传输协议(File Transfer Protocol，FTP)和简单邮件传输协议(Simple MailTransfer Protocol，SMTP)等。目前使用最广泛的应用层协议是用于从 Web 服务器读取页面信息的超文本传输协议(Hyper Text Transfer Protocol，HTTP)。

端口(Port)与 IP 地址一起为网络通信的应用程序之间提供一种确切的地址标识，IP 地址标识了发送数据的目的计算机，而端口标识了将数据包发送给目的计算机上的哪一个应用程序，如图 8.2 所示。应用层协议通常采用客户/服务器模式，应用服务器启动后监听特定的端口，客户端需要服务时请求与服务器该端口建立连接。一些常用的应用服务都有缺省的端口(称为熟知端口)，例如 Web 服务器缺省的端口号为 80。

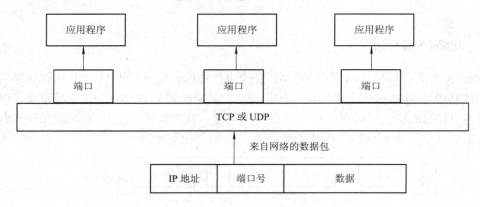

图 8.2　端口与 IP 地址的标识作用

8.1.2　网络编程的基本方法

Java 语言专门为网络通信提供了软件包 java.net。采用 java.net 包提供的 API 可以快速方便地开发基于网络的应用。

java.net 包对 HTTP 协议提供了特别的支持。只需通过 URL 类对象指明图像、声音资源的位置，无需额外的工作，就可以轻松地从 Web 服务器上获取图像、声音，或者通过流操作获取 HTML 文档和文本等资源，并可以对获得的资源进行处理。在本书第 4 章案例 1 中从 Web 服务器上下载广告图片就采用了这种方法，可以看出使用这种方法下载图像是相当简单的。

java.net 包还提供了对 TCP、UDP 协议套接字(Socket)编程的支持，可以建立用户自己的服务器，实现特定的应用。Socket 是一种程序接口，最初由 California 大学 Berkeley 分校开发，是用于简化网络通信的一种工具，是 UNIX 操作系统的一个组成部分。现在 Socket 的概念已深入到各种操作环境，包括 Java。

8.2　URL 编程

8.2.1　URL 的概念

URL(Uniform Resource Locator，统一资源定位器)用来标识 Internet 上的资源，指明取

得资源采用的协议和地址,通过 URL 可以访问 Internet 上相应的文件和其他资源。

典型的 URL 格式为

协议名://主机名:端口号/资源路径

协议名用于指明获取资源所用的传输协议,例如 http、ftp、gopher 等;主机名指明资源所在的计算机,端口号指明服务器的端口号,对于常用的一些协议(如 http、ftp 等),如果不指明端口号,则使用该协议缺省的熟知端口;资源路径指明该资源在服务器上的虚拟路径。例如:

http://java.sun.com/j2se/1.4.2/download.html

http 为协议名,java.sun.com 为主机名称,使用缺省的端口 80,/j2se/1.4.2/download.html 为服务器上文件的虚拟路径。

资源路径还可以包含 HTML 文件中的参考位置(或称为参考点),例如:

http://home.netscape.com:80/home/white_paper.html#intro_1

这里,intro_1 为 white_paper.html 中的一个位置。

上面定义的 URL 形式包含访问网络资源的完整路径,通常称为绝对 URL。在 HTML 文档中通常还会使用相对 URL。一个相对 URL 不包括协议或主机信息,用于指定与当前文档处于相同主机的 HTML 文档。相对 URL 可能包括相对路径的成员,也可能是 URL 片断。例如,在 http://java.sun.com/j2se/1.4.2/download.html 文档中相对 URL:

system-configurations.html

表示资源 http://java.sun.com/j2se/1.4.2/system-configurations.html。同样,相对 URL:

/j2se/1.4.2/system-configurations.html

也表示该资源。

8.2.2 URL 类

1. URL 对象的创建

用 Java 语言访问 Web 资源是通过 URL 类来实现的,URL 类定义了一个 Web 资源的统一资源定位器和可以对其进行的一些操作。URL 类的对象指向 Web 资源(如 Web 页、文本文件、图形图像文件、音频视频文件等),创建 URL 对象后可取得 URL 各个部分的信息和内容。

URL 类的构造方法有多种形式,下面是常用的几种形式:

(1) public URL(String spec) throws MalformedURLException——简单地用一个字符串生成 URL 对象,如:

URL url0=new URL("http://java.sun.com/j2se/1.4.2/download.html");

(2) public URL(String protocol, String host, String file) throws MalformedURLException——分开指定 URL 的各个部分,包括协议、主机名、资源路径,采用缺省端口构成 URL 对象,如:

URL url1=new URL("http", "java.sun.com", "/j2se/1.4.2/download.html");

(3) public URL(String protocol, String host, int port, String file) throws MalformedURLException——分开指定的 URL 各个部分构成 URL 对象,如:

URL url2=new URL("http"," java.sun.com", 80, "/j2se/1.4.2/download.html ");

(2)、(3)两种构造方法不能构造含有"#参考点"的 URL 地址。

(4) public URL(URL context，String spec)——构造相对 URL 对象，如：

URL base1=new URL("http:// java.sun.com/j2se/1.4.2/");

URL url3=new URL(base, "download..html");

这种构造方法常用于 Java Applet。Applet 类提供了 getDocumentBase 和 getCodeBase 方法，分别用于获得当前 Applet 所在页面的目录路径和 Applet 所在的目录路径。在 Applet 中可采用类似下面的代码来构造 URL 对象：

URL url1=new URL(getDocumentBase(), "file1.txt");

URL url2=new URL(getCodeBase(), "file2.txt");

URL 类的构造方法都抛出 MalformedURLException 异常，生成 URL 对象时必须对这一异常进行处理。例如：

```
try{
    URL myURL=new URL("http://java.sun.com/");
} catch (MalformedURLException e){
    System.out.println("MalformedURLException:"+e);
}
```

URL 对象创建后，不再可以修改该对象所表示的 URL 地址，但可以通过 URL 类提供的方法成员来获取其属性，如协议、主机名、端口号、文件名等，常用的方法有：

- public int getPort()——得到 URL 对象的端口号；
- public String getProtocol()——得到 URL 对象的协议名；
- public String getHost()——得到 URL 对象的主机名；
- public String getFile()——得到 URL 对象的文件名；
- public String getRef()——得到 URL 对象的参考点；
- public boolean equals(Object obj)——比较两个 URL，不包括参考点。

2．从网络上获取图像

Java Applet 可以使用 getImage 方法直接从 Web 服务器获取图像资源，目前支持的图像文件格式为 GIF 和 JPEG 两种。下面来看一个简单的例子。

【程序 8.1】 使用相对 URL 从 Web 服务器获取图像。

```
import java.applet.*;
import java.awt.*;
public class downImage extends Applet{
    Image image;
    public void init()
    {
        image=getImage(getDocumentBase(), "test.gif");
    }
    public void paint(Graphics g)
```

```
        {
            g.drawImage(image, 0, 0, this);
        }
    }
```

程序 8.1 获取并显示了图像 test.gif。在该例子中，首先用语句

```
getImage(getDocumentBase(), "test.gif");
```

从 HTML 文档所在位置下载图像 test.gif，并创建一个 Image 类型的对象 image，然后在 paint 方法中用语句

```
g.drawImage(image, 0, 0, this);
```

在屏幕上将图像显示出来。

Applet 类提供的 getImage 方法有两种形式：
- Image getImage(URL url, String name);
- Image getImage(URL url)。

程序 8.1 采用了第一种形式，图像资源的完整路径由第一个参数表示的路径目录与第二个字符串参数表示的相对 URL 构成。第二种形式直接使用完整的 URL 给出图像资源的路径。采用第二种形式代码段通常像下面这样：

```
String url = "图像资源 URL";
Image image;
try {
    image = getImage(new URL(url));
}catch(Exception e){
    System.out.println("Can't open the URL ");
}
```

不过，在 Java Applet 中一般很少采用绝对 URL，出于安全性考虑，浏览器只允许 Java Applet 访问与 Applet 同一主机的资源。如果采用绝对 URL，则当 Applet 放到其他的 Web 服务器上运行时，必须修改程序。

【**程序 8.2**】 使用绝对 URL 从 Web 服务器获取图像。

```
import java.applet.*;
import java.net.*;
import java.awt.*;
public class getImage extends Applet{
    Image image;
    public void init() {
        String  url = "http://java.sun.com/images/v4_java_logo.gif";
        try {
            image = getImage(new URL(url));
        } catch(Exception e){ }
    }
    public void paint(Graphics g) {
```

```
            g.drawImage(image, 0, 0, this);
        }
    }
```

程序 8.2 采用绝对 URL，试图显示 http://java.sun.com/images/v4_java_logo.gif，除非该 Applet 被放置在服务器 java.sun.com 上，否则是不能看到正确结果的。

如果使用 JDK 的 appletviewer 运行该程序，getImage 方法失败，image 对象为 null，Graphics 类的 drawImage 方法无法正确绘制图像，从而引发异常。

getImage 方法在调用后立即返回，并不等待图像全部载入。因此有时会出现 drawImage 方法在图像没有载入之前就开始执行了，导致程序刚执行时图像不能正确显示。为解决这个问题，Java 提供了 MediaTracker 类，用于跟踪图像和声音等媒体的载入。

MediaTracker 的使用方法如下：
(1) 构造一个 MediaTracker 对象；
(2) 在下载图像(getImage)之后，使用 addImage 方法添加需要跟踪的图像；
(3) 在显示图像(drawIamge)之前，使用 waitForAll 方法跟踪图像状态。

例如，程序 8.1 的 init 方法可改为：
```
    public void init()
    {
        try{
            image=getImage(getDocumentBase(),"test.gif");
            MediaTracker tracker = new MediaTracker(this);      //构造一 MediaTracker 对象
            tracker.addImage(image,0);                          //添加需要跟踪的图片
            tracker.waitForAll();
        }catch(Exception e){ }
    }
```

init 方法等待图像载入完毕后才返回，以确保 paint 方法被调用时图像已全部载入。

MediaTracker 类的构造函数为
   public MediaTracker(Component comp)
即为给定组件创建一个跟踪媒体的 MediaTracker 对象。

下面是 MediaTracker 类的几种常用方法：

● public void addImage(Image image, int id)——将图像添加到被跟踪的图像组。参数 image 为需跟踪的图像，参数 id 为图像组指定标识；

● public boolean checkAll()——检查所有图像是否下载完毕；

● public boolean checkAll(boolean load)——检查所有图像是否下载完毕。参数 load 若为 true，且图像尚未开始下载，则立即开始下载；

● public boolean checkID(int id)；

● public boolean checkID(int id,boolean load)；

以上两种方法用于检查指定 id 的图像是否完成下载，参数 load 的含义同 checkAll 方法的相同。

● public Object[] getErrorsAny()——返回出错的媒体组；

- public Object[] getErrorsID(int id)——返回带有给定标识号的出错的媒体组；
- public boolean isErrorAny()——检查所有图像的错误状态；
- public boolean isErrorID(int id)——检查所有带有给定标识号的图像的错误状态；
- public void waitForAll() throws InterruptedException——开始下载所有的图像，直到下载完毕后返回；
- public boolean waitForAll(long ms) throws InterruptedException——开始下载所有的图像，直到下载完毕或参数 ms 指定的时间(毫秒数)到达后返回；
- public void waitForID(int id) throws InterruptedException；
- public boolean waitForID(int id, long ms) throws InterruptedException——等待载入指定标识的图像，参数 ms 的含义同 waitForAll 方法的相同；
- public int statusAll(boolean load)；
- public int statusID(int id, boolean load)。

以上两种方法用于返回所有图像或指定 id 图像的载入状态，状态取值可以为：ABORTED(下载失败)、COMPLETE(下载成功)、ERRORED(下载时发生错误)、LOADING(正在下载)。参数 load 若为 true，则表示如果图像尚未开始下载，立即启动下载过程。

3．从网络上获取声音

与获取图像类似，Java 也提供了从 Web 服务器获取声音资源并播放的方法。Java 2 以前的版本只能处理单声道 8 kHz 的采样频率的 AU 文件，Java 2 增加了对 AIFF、WAV 以及三种 MIDI 文件类型的支持。可以利用 Applet 类的方法 play 直接播放网络上的声音文件，或使用 getAudioClip 方法先从网络上获取声音资源，生成 AudioClip 类型的对象，然后对该对象进行操作。

play 方法有以下两种形式：
- void play(URL url)——使用绝对 URL 表示声音资源的访问路径。
- void play(URL url, String name)——使用相对 URL 表示声音资源的访问路径。

类似地，getAudioClip 方法也有以下两种形式：
- AudioClip getAudioClip(URL url)；
- AudioClip getAudioClip(URL url, String name)。

程序 8.3 采用 play 方法播放与 Applet 同目录的 AU 文件。

【程序 8.3】 声音资源的播放。

```
import java.applet.*;
import java.awt.*;
import java.net.*;
public class MidiPlay extends Applet
{
  public void paint(Graphics g)
  {
    try {
      play( getCodeBase(), "example.au");
```

        }catch(Exception e){ }
    }
}
AudioClip 是 Java 语言定义的支持声音播放的接口,该接口定义了下面三个抽象方法:
- void loop()——循环播放该声音资源;
- void play()——开始播放该声音资源;
- void stop()——停止播放该声音资源。

利用这三个方法可以控制声音的播放,程序 8.4 是一个简单的例子。

【程序 8.4】 用 AudioClip 接口播放声音资源。

```java
import java.awt.*;
import java.applet.*;
import java.awt.event.*;

public class SoundPlay extends Applet implements ActionListener
{
    Button playBtn = new Button("播放");
    Button stopBtn = new Button("停止");
    Button loopBtn = new Button("循环");
    AudioClip au;
    public void init()
    {
        playBtn.addActionListener(this);
        stopBtn.addActionListener(this);
        loopBtn.addActionListener(this);
        add(playBtn);
        add(stopBtn);
        add(loopBtn);

        au = getAudioClip(getCodeBase(),"example.au");
    }
    public void actionPerformed(ActionEvent e)
    {
        Object obj = e.getSource();
        if(obj==playBtn){
            au.play();
        }
        else if(obj==stopBtn){
            au.stop();
        }
```

```
        else{
            au.loop();
        }
    }
}
```
程序 8.4 执行时显示三个按钮，如图 8.3 所示，点击按钮可以分别调用 play、stop、loop 方法。

图 8.3　声音资源的播放

4．显示网络上的其他 HTML 文档

对于 Web 服务器上的 HTML 文档，Java Applet 有两种访问方法：一种由浏览器打开该网页，另一种由 Applet 直接读取 HTML 文档。这里先介绍第一种方法。

浏览器显示指定网页是利用 Applet 类的 getAppletContext 方法来实现的，该方法返回一个 AppletContext 对象，Java Applet 通过该对象访问浏览器。

AppletContext 的 showDocument 方法可以显示指定 Web 服务器的 HTML 文档，包括 Applet 所在服务器和网络上的其他 Web 服务器。showDocument 方法有以下两种形式：

- void showDocument(URL url);
- void showDocument(URL url,String target);

第一种形式在当前 Applet 所在的浏览器窗口(或框架，有关内容请参考 HTML 标准中有关框架的内容)中打开指定的网页；第二种形式在指定的浏览器窗口(或框架中)打开指定的网页。程序 8.5 演示了 showDocument 方法的使用，程序运行画面如图 8.4 所示。程序中的窗口名_blank 表示始终在新窗口中打开指定网页。

图 8.4　程序 8.5 运行画面

【**程序 8.5**】 用浏览器打开指定网页。

```
import java.applet.*;
import java.awt.*;
import java.net.*;
import java.awt.event.*;


public class ShowHtml extends Applet implements ActionListener
```

```java
{
    String theURL;
    Button javaHome = new Button("http://java.sun.com/");
    Button sunHome = new Button("http://www.sun.com/");
    Button j2se = new Button("http://java.sun.com/j2se");
    Checkbox newWin = new Checkbox("Open in new window");
    public void init()
    {
      GridBagLayout gbl = new GridBagLayout();
      GridBagConstraints gbc = new GridBagConstraints();
      setLayout(gbl);

      gbc.gridwidth=gbc.REMAINDER;
      gbl.setConstraints(newWin,gbc);
      add(newWin);

      gbc.gridwidth=gbc.REMAINDER;
      gbl.setConstraints(javaHome,gbc);
      add(javaHome);
      javaHome.addActionListener(this);

      gbc.gridwidth=gbc.REMAINDER;
      gbl.setConstraints(sunHome,gbc);
      add(sunHome);
      sunHome.addActionListener(this);

      gbc.gridwidth=gbc.REMAINDER;
      gbl.setConstraints(j2se,gbc);
      add(j2se);
      j2se.addActionListener(this);
    }
    public void actionPerformed(ActionEvent e)
    {
      theURL = e.getActionCommand();
      URL urlObj = null;
      try {
         urlObj = new URL(theURL);
      }catch (MalformedURLException ex){
         System.out.println("Can't open the URL ");
```

        }
                if (urlObj != null) {
                    if(newWin.getState())
                        getAppletContext().showDocument(urlObj,"_blank");
                            //浏览器新建一个窗口，打开指定网页
                    else
                        getAppletContext().showDocument(urlObj);
                            //浏览器在当前窗口中，打开指定网页
                }
            }
        }

5. 读取网络上文件的内容

上面的方法只是显示或播放网络上节点的图像、声音及 HTML 文档，没有对其内容进行处理。实际上，Java 还可读取网络上文件的内容，并对其内容进行处理。

读取网络上文件内容的步骤如下：

(1) 创建一个 URL 类型的对象。例如：

  String url = "http:// java.sun.com/j2se/1.4.2/download.html";
  URL fileur;
  try {
   fileur = new URL(url);
  }catch (MalformedURLException e) {
   System.out.println("Can't get URL: ");
  }

(2) 利用 URL 类的 openStream 方法获得对应的 InputStream 类的对象。例如：

  InputStream filecon = fileur.openStream();

(3) 将 InputStream 对象转化为 DataInputStream 类的对象。例如：

  DataInputStream filedata = new DataInputStream(filecon);

(4) 读取内容。例如，对上面的 filedata，可用 filedata.readLine 一行一行地读取内容，或用 filedata.readchar 一个字符一个字符地读取。

程序 8.6 和程序 8.7 分别演示了 Java Applet 与 Java 应用程序读取网络文件的方法，它们的基本步骤相同。但是出于安全性考虑，Applet 在浏览器中运行时不允许与 Applet 所在主机外的其他主机建立联系。Java Application 无此限制，此外当浏览器从本地盘打开调用 Java Applet 的 HTML 文档时，也不受此限制。

【**程序 8.6**】 下载 HTML 文件的 Java 小程序。

  import java.io.*;
  import java.net.*;
  import java.awt.*;

```java
import java.applet.*;
public class downHtml extends Applet{
    URL fileur;
    TextArea showarea = new TextArea("Please wait a while for gettext",10,30);
    public void init()
    {
        try {
            fileur = new URL(getCodeBase(),"Page1.htm");
        }catch ( MalformedURLException e) {
            System.out.println("Can't get URL: " );
        }
        add(showarea);
    }
    public void paint(Graphics g)
    {
        InputStream filecon = null;
        DataInputStream filedata = null;
        String fileline;
        showarea.setText("");
        try {
            filecon = fileur.openStream();
            filedata = new DataInputStream(filecon);
            while ((fileline = filedata.readLine()) != null){
                showarea.append(fileline+"\n");
            }
        }catch (IOException e) {
            System.out.println("Error in I/O:" + e.getMessage());
        }
    }
}
```

【程序 8.7】 下载 HTML 文件的 Java 应用程序。

```java
import java.net.*;
import java.io.*;

public class downHtmlApp
{
    public static void main (String[] args)
    {
        if(args.length!=1){
```

```
                System.out.print("Error!");
                System.exit(1);
            }
            URL theUrl;
            try {
                theUrl = new URL(args[0]);
                InputStream filecon = theUrl.openStream();
                String fileline = null;
                InputStreamReader fr = new InputStreamReader(filecon);
                BufferedReader br = new BufferedReader(fr);
                while((fileline = br.readLine())!=null)
                    System.out.println(fileline);
            }catch ( Exception e){
                System.out.println(e.getMessage() );
            }
        }
    }
```

程序 8.7 从命令行获取要下载网页的 URL，使用 JDK 运行时在命令行中输入 URL。例如：

    java downHtmlApp http://java.sun.com

8.2.3　URLConnection 类

上面介绍了使用 URL 类打开输入流获取网络资源的方法，但有时可能还需要向 Web 服务器发送信息，例如在程序中利用 POST 方法向 Web 服务器发送一个表单，必须使用 URLConnection 类。URLConnection 类可提供的信息比 URL 类要多得多，除了可以获取资源数据外，还可以提供资源长度、发送时间、最新更新时间、编码、标题等信息。它是所有 Java 程序和 URL 之间创建通信链路的类的抽象超类，可用于连接由 URL 标识的任何资源。该类的对象既可用于从资源中读，也可用于往资源中写。

通常，Java 程序无需创建 URLConnection 类的对象，一旦成功创建一个 URL 类的对象，可以通过使用 openConnection 方法来获得 URLConnection 类的对象。

使用 openConnection 类不需要参数，操作成功后，返回一个 URLConnection 类的对象。下面的代码段演示了打开一个到 URL 连接的过程：

```
        try{
            URL url = new URL("http://www.mycompany.com");
            URLConnection connection = url.openConnection();
        }catch (Exception e){
        System.out.println(e.toString());
        }
```

一旦成功地建立了一个连接，就可以获得针对这个连接的输出流进行写操作，或者获得针对这个连接的输入流进行读操作。URL 可以代表很多不同种类的数据类型所组成的资源，但可以用同样的方式对从 URLConnection 输入流返回的数据进行操作。下面的程序片断演示了从 URL 中读取文本数据的方法。

```
try
{
    URL url = new URL("http://www.mycompany.com");
    URLConnection connection = url.openConnection();
    InputStream inStream = connection.getInputStream();
    BufferedReader input = new BufferedReader(new InputStreamReader(inStream));

    String line = "";
    while ((line = input.readLine()) != null)
        System.out.println(line);
}catch (Exception e) {
    System.out.println(e.toString());
}
```

进行写操作同样也很简单，建立一个成功的连接后，首先调用 setDoOutput 方法将输出(Output)属性设置为真(true)，指定该连接可以进行写操作。下面的程序片断演示了如何把数据写入一个 URL。

```
try{
    URL url = new URL("http://www.mycompany.com");
    URLConnection connection = url.openConnection();
    connection.setDoOutput(true);
    OutputStream outStream = connection.getOutputStream();
    ObjectOutputStream objectStream = new ObjectOutputStream(outStream);
    objectStream.writeInt(54367);
    objectStream.writeObject("Hello there");
    objectStream.writeObject(new Date());
    objectStream.flush();
}catch (Exception e)
{
    System.out.println(e.toString());
}
```

8.2.4 URL 编程实例

本节给出几个使用 URL、URLConnection 类的实例。
程序 8.8 实现了一个 Applet，运行画面如图 8.5 所示，在下拉式列表框中选择搜索引擎名，然后单击"Go"按钮，浏览器将显示对应搜索引擎的主页。

图 8.5 程序 8.8 运行画面

【程序 8.8】 实例一。

```
import java.awt.*;
import java.applet.*;
import java.awt.event.*;
import java.net.*;
import java.net.URL;
import java.net.MalformedURLException;

public class ListLink extends Applet implements ActionListener
{
    String urlList[] = {"http://cn.yahoo.com/","http://www.google.com/",
                        "http://www.sina.com.cn/"};
    String urlName[]= {"雅虎中文","Google","新浪"};
    Choice urlChoice;

    public void init()
    {
        urlChoice = new Choice();
        Button    btn= new Button("Go");

        for(int i=0;i<3;i++){
            urlChoice.addItem(urlName[i]);
        }
        add(urlChoice);
        btn.addActionListener(this);
        add(btn);
    }
    public void actionPerformed(ActionEvent ev){
        String label =ev.getActionCommand();
        if( label.equals("Go")){
            int ch=urlChoice.getSelectedIndex();
            LinkTo(ch);
        }
```

```
        }
    void LinkTo(int index)
    {
       try{
          URL theURL=new URL(urlList[index]);
          getAppletContext().showDocument(theURL);
       }catch(Exception e){ }
    }
}
```

程序 8.9 所显示的广告内容不再固定,而是由 adcfg.txt 文件所确定的。该文件与 Applet 字节码文件存储在相同的位置,Applet 初始化时下载该文件,确定显示的广告图片和对应的 URL。

【程序 8.9】 实例二。

```
import java.io.*;
import java.awt.*;
import java.awt.event.*;
import java.applet.*;
import java.net.*;

class AdCfg{
    Applet applet;
    String name,imagefile,url;
    Image image;
    public AdCfg(String name,String imagefile,String url,Applet applet)
    {
       this.name = name;
       this.imagefile = imagefile;
       this.url = url;
       this.applet = applet;
       image = applet.getImage(applet.getCodeBase(),imagefile);
    }
    public void Go()
    {
       try{
          URL theURL=new URL(url);
          applet.getAppletContext().showDocument(theURL, "newwin");
       }catch(Exception e1){ }
    }
    public void Draw()
```

```java
    {
        applet.getGraphics().drawImage(image, 0, 0, applet);
    }
}

public class Ad extends Applet implements Runnable, MouseListener
{
    int CurAd=0, AdCount=0;
    boolean con=true;
    AdCfg adcfg[] = new AdCfg[100];

    public void init()
    {
        try{
            URL cfgurl = new URL(getCodeBase(),"adcfg.txt");
            InputStream cfginput = cfgurl.openStream();
            BufferedReader cfgreader =
                new BufferedReader(new InputStreamReader(cfginput));
            int i=0;
            String cfgLine;
            while((cfgLine = cfgreader.readLine())!=null){
                String splitstr[] = new String[3];
                SplitStr(cfgLine,splitstr);        //配置文件每一行为：名字，图片文件名，URL
                adcfg[i] = new AdCfg(splitstr[0],splitstr[1],splitstr[2],this);
                AdCount++;
                i++;
            }
        }catch(Exception e){
        }
    }

    public void start()
    {
        Thread t=new Thread(this);
        addMouseListener(this);
        t.start();
    }
    public void paint(Graphics g)
    {
```

```java
        adcfg[CurAd].Draw();
    }
    public void run()
    {   //每隔两秒刷新广告显示
        while(con){
            try{
                Thread.sleep(2000);
            }catch(Exception e){}
            CurAd++;
            CurAd=CurAd%AdCount;
            repaint();
        }
    }
    public void stop()
    {
        con=false;
        removeMouseListener(this);
    }
    public void mousePressed(MouseEvent e){}
    public void mouseReleased(MouseEvent e){}
    public void mouseEntered(MouseEvent e){}
    public void mouseExited(MouseEvent e){}
    public void mouseClicked(MouseEvent e)
    {   //鼠标单击事件响应程序
        adcfg[CurAd].Go();
    }
    void SplitStr(String s,String str[])    //分解字符串,分解结果由 str[]返回
    {
        String r="";
        int i=0;
        while(s.charAt(i)!=','){
            r=r+s.charAt(i);
            i++;
        }
        str[0]=r;
        i++;
        r="";
        while(s.charAt(i)!=','){
            r=r+s.charAt(i);
```

```
            i++;
        }
        str[1]=r;
        i++;
        str[2]=s.substring(i);
    }
}
```

程序 8.10 演示了使用网络资源发布动态信息的方法。该程序采用了多线程技术，每隔一定时间自动到相应 Web 服务器读取最新的内容。如果在 Applet 读取的文件中存放一些变化较快的信息，如股市行情等，并由其他程序动态地更新其内容，则在网页中加入这种 Java Applet，可以让浏览者得到动态的信息。进一步，也可以在程序中对数据进行处理，并用图形方式显示处理结果。例如，将各时刻的数据绘制成曲线，浏览者就可以看到动态变化的曲线。

【程序 8.10】 实例三。

```java
import java.io.*;
import java.net.*;
import java.awt.*;
import java.applet.*;

public class dynaShow extends java.applet.Applet implements Runnable
{
    Thread dthread;
    URL fileur;
    TextArea showarea = new TextArea("Wait for a while...", 10, 20);

    public void init()
    {
      Try
      {
         fileur = new URL(getCodeBase(),"dynaInf.txt");
      }catch ( MalformedURLException e)
      {
         System.out.println("Can't get URL: " );
      }
      add(showarea);
    }

    public void start()
    {
       if (dthread == null)
```

```java
        {
            dthread = new Thread(this);
            dthread.start();
        }
    }

    public void stop()
    {
        if (dthread != null)
        {
            dthread.stop();
            dthread = null;
        }
    }

    public void run()
    {
        InputStream filecon = null;
        BufferedReader filedata = null;
        String fileline;

        while(true){
            try {
                filecon = fileur.openStream();
                showarea.setText("");

                filedata   = new BufferedReader( new InputStreamReader(filecon));

                while ((fileline = filedata.readLine()) != null)
                {
                    showarea.append(fileline+"\n");
                }
                dthread.sleep(5000);
            }catch (IOException e)
            {
                System.out.println("Error in I/O:" + e.getMessage());
            }catch (InterruptedException e){ }
        }
    }
}
```

8.3 Socket 编程简介

8.3.1 TCP Socket 编程

TCP 是一种面向连接的传输层协议，一般采用客户/服务器模式。服务器端程序不停地运行以等待连接，客户端程序则试着申请连接。如果服务器端的程序收到客户端程序的连接申请并接受，则连接建立，然后就可以在此连接上传输数据了。Java 语言中客户端和服务器端分别由 Socket 类和 ServerSocket 类支持。

1. Socket 类

Socket 类用在客户端，用户通过构造一个 Socket 类对象来建立与服务器的连接。与服务器端相比，客户端比较简单，下面先看一个简单的例子。

【程序 8.11】 一个简单的 Socket 客户端。

```java
import java.io.*;
import java.net.*;

public class SimpleWebClient {
    public static void main(String args[])
    {
        try {
            //打开一个客户端 Socket 连接
            Socket clientSocket1 = new Socket("www.jit.edu.cn", 80);
            System.out.println("Client1: " + clientSocket1);
            //取得一个网页
            getPage(clientSocket1);
        } catch (UnknownHostException uhe){
            System.out.println("UnknownHostException: " + uhe);
        } catch (IOException ioe){
            System.err.println("IOException: " + ioe);
        }
    }
    /**
     ***通过建立的连接请求一个页面，显示回应然后关闭 Socket
     **/
    public static void getPage(Socket clientSocket)
    {
        try {
            //需要输入和输出流
```

```
            DataOutputStream outStream = new
            DataOutputStream(clientSocket.getOutputStream() );
            //向服务器发出 HTTP 请求
            outStream.writeBytes("GET / HTTP/1.0\n\n");
            //读出回应
            String responseLine;
            BufferedReader inReader = new BufferedReader(
                new InputStreamReader(clientSocket.getInputStream()));
            while ((responseLine = inReader.readLine()) != null) {
                //把每一行显示出来
                System.out.println(responseLine);
            }
            //清除
            outStream.close();
            inReader.close();
            clientSocket.close();
        } catch (IOException ioe) {
            System.out.println("IOException: " + ioe);
        }
    }
}
```

程序 8.11 是一个简单的从 Web 服务器取回一个 HTML 页面的程序，首先创建一个 Socket 类的对象，然后使用 getInputStream、getOutputStream 方法获取输入/输出流，再通过输出流向 Web 服务器发出请求，通过输入流获取服务器的响应信息。

Socket 类的构造方法有多种形式，程序 8.11 中使用的是下面的形式：

public Socket(String host, int port) throws UnknownHostException,IOException

其中，参数 host 指定服务器的名字或 IP 地址，参数 port 指定服务器监听的端口。如果指定的 IP 地址或主机名找不到，则抛掷 UnknownHostException 异常。

Socket 类的其他常用的构造方法还有：

● public Socket(InetAddress address, int port)throws UnknownHostException, IOException；

● public Socket(String host, int port, InetAddress localAddr, int localPort) throws IOException；

● public Socket(String host, int port, InetAddress localAddr, int localPort) throws IOException；

● public Socket(InetAddress address, int port, InetAddress localAddr, int localPort) throws IOException。

InetAddress 类是用来存储 IP 地址的类，参数 host 或 adress 指定服务器的 IP 地址或主机名，参数 port 指定服务器监听的端口。如果本机具有多个 IP 地址，可以使用参数 localAddr、localPort 指定本地 IP 地址和端口。

创建 Socket 类对象后，网络连接建立，可以获得输入和输出流，通过流来传送数据。Socket 类定义了 getInputStream 方法和 getOutputstream 方法：
- public InputStream getInputStream() throws IOException；
- public OutputStream getOutputStream() throws IOException。

Socket 类还定义了其他一些方法来获取或设置有关网络连接的信息和参数，例如：
- public InetAddress getInetAddress()——获取远程主机的地址；
- public InetAddress getLocalAddress()——获取本地 IP 地址；
- public int getPort()——获取远程主机的端口号；
- public int getLocalPort()——获取本地端口号；
- public void setTcpNoDelay(boolean on) throws SocketException——设置 TCP_NODELAY 参数；
- public boolean getTcpNoDelay() throws SocketExceptio——获取 TCP_NODELAY 参数；
- public void setSendBufferSize(int size) throws SocketException——设置发送缓冲区大小；
- public int getSendBufferSize() throws SocketException——获取发送缓冲区大小；
- public void setReceiveBufferSize(int size) throws SocketException——设置接收缓冲区大小；
- public int getReceiveBufferSize() throws SocketException——获取接收缓冲区大小。

通信结束后，应该用 close 方法关闭。close 方法的形式为
public void close() throws IOException

出于安全性考虑，Java Applet 只能与 Applet 所在主机建立连接，不允许与本地主机或网络上的其他主机建立连接，而 Java 应用程序没有这方面的限制。

2. ServerSocket 类

服务器并不是主动地建立连接，而是被动地监听客户端的连接请求。服务器由 ServerSocket 类建立，ServerSocket 类的构造方法有以下三种形式：
- public ServerSocket(int port) throws IOException——在指定端口上构造一个 ServerSocket 类对象，并进入监听状态，如果 port 参数为 0，将自动选择一个未使用的端口。
- public ServerSocket(int port, int backlog) throws IOException——在指定端口上构造一个 ServerSocket 类对象，并进入监听状态。backlog 参数指定服务器可以同时接收连接请求的数目，默认值为 50。一个服务器可以同时接收多个连接请求，但是每次只能处理一个。
- public ServerSocket(int port,int backlog,InetAddress bindAddr)throws IOException——参数 port、backlog 的作用同上一种形式。当服务器主机有多个 IP 地址时，参数 bindAddr 指定与服务器绑定的 IP 地址。

下面的语句建立了一个服务器端 ServerSocket 对象，并把它绑定到 80 端口：

  ServerSocket serverSocket = new ServerSocket(80);

ServerSocket 类对象创建后，开始监听连接。客户端的连接申请将被存放在监听队列中，可以使用 accetp()方法取出队列中的连接请求。accept 方法返回一个 Socket 类的对象，Java 程序将通过该 Socket 对象与客户端 Socket 进行通信。例如：

Socket clientSocket = serverSocket.accept();

与客户端 Socket 一样，可以利用输入和输出流接收和发送数据：

InputStream inStream= clientSocket.getInputStream();

OutputStream outStream= clientSocket.getOutputStream();

如果连接请求队列中没有请求，accept 方法将会阻塞服务器线程直到一个连接请求到来。

建立服务器程序的基本步骤如下：

(1) 建立一个 ServerSocket，并开始监听；
(2) 使用 accept()方法取得新的连接；
(3) 建立输入和输出流；
(4) 在已有的协议上产生会话；
(5) 关闭客户端流和 Socket；
(6) 回到第(2)步或者到第(7)步；
(7) 关闭服务器 Socket。

【程序 8.12】 一个简单的服务器程序。

```java
import java.net.*;
import java.io.*;

class WebServer
{
    public static void main(String args[])
    {
        ServerSocket serverSocket = null;
        Socket clientSocket = null;
        int connects = 0;
        try {
            //建立一个服务器 Socket
            serverSocket = new ServerSocket(80);
            while (connects < 5){
                //等待连接
                clientSocket = serverSocket.accept();
                //服务连接
                ServiceClient(clientSocket);
                connects++;
            }
            serverSocket.close();
        } catch (IOException ioe){
            System.out.println("Error in SimpleWebServer: " + ioe);
        }
```

}

```
public static void ServiceClient(Socket client) throws IOException
{
    DataInputStream inStream = null;
    DataOutputStream outStream = null;
    try {
        inStream = new DataInputStream( client.getInputStream());
        outStream = new DataOutputStream( client.getOutputStream());

        String buffer = "a Simple Java Web Server";
        String inputLine;
        while ((inputLine = inStream.readLine()) != null){
            //读取客户端的 HTTP 请求后发送响应
            if ( inputLine.equals("") ) {
                outStream.writeBytes(buffer);
                break;
            }
        }
    } finally {
        outStream.close();
        inStream.close();
        client.close();
    }
}
```

程序 8.12 是一个简单的服务器程序，监听 80 端口，当接收到连接请求后，读取客户端发送的命令，然后发送文本。运行该程序，在 IE 的地址栏中输入 http://localhost/，可以看到图 8.6 所示的画面，刷新 5 次后，程序结束运行。

图 8.6　用 Web 浏览器访问简易服务器

程序 8.5 只能响应一个连接请求，如果同时有多个请求，必须一个个地处理。如果要同时处理多个连接请求，应将处理连接请求的代码放在独立的线程中。

另外，还应该注意：出于安全性考虑，Applet 一般不允许作服务器，因此 ServerSocket 类只能在 Java 应用程序中使用。

8.3.2　UDP Socket 编程

数据报协议 UDP 采用无连接的通信方式，它的速度比较快，但是由于不建立连接，因此不能保证所有数据都能送到目的地。发送和接收数据报需使用 Java 类库中的 DatagramPacket 类和 DatagramSocket 类。

1. DatagramPacket 类

DatagramPacket 类是进行数据报通信的基本单位，它包含了需要传送的数据、数据报的长度、IP 地址和端口等。DatagramPacket 类的构造方法有四种形式：

- public DatagramPacket(byte[] buf, int offset, int length);
- public DatagramPacket(byte[] buf, int length);

以上两种形式用于创建接收数据报的 DatagramPacket 类对象，参数 buf 为接收缓冲区，length 为准备接收的数据报长度，offset 为数据在 buf 中存储的起始位置。

- public DatagramPacket(byte[] buf,int offset,int length,InetAddress address,int port);
- public DatagramPacket(byte[] buf,int length,InetAddress address,int port)。

以上两种形式用于发送数据的 DatagramPackte 类对象，参数 buf 是发送数据的缓冲区，length 参数是发送的字节数，address 参数是接收该数据报的主机地址，port 为接收的端口号。

DatagramPacket 类的常用方法有：

- public synchronized InetAddress getAddress()——返回收到的数据报的来源地址或发出的数据报的目的地址；
- public synchronized int getPort()——返回收到的数据报的来源端口或发出的数据报的目的端口；
- public synchronized byte[] getData()——获取数据报中的数据；
- public synchronized int getLength()——获取数据报中的数据长度。

相应于上述 get 方法，还有一组 set 方法，分别用来设置地址、端口、数据和长度：

- public synchronized void setAddress(InetAddress iaddr);
- public synchronized void setPort(int port);
- public synchronized void setData(byte ibuf[]);
- public synchronized void setLength(int length)。

2. DatagramSocket 类

DatagramSocket 类是用来发送和接收数据报的 Socket，它的构造方法有以下三种：

- public DatagramSocket() throws SocketException——创建一个 DatagramSocket 类对象，使用本地主机的任意一个端口。
- public DatagramSocket(int port) throws SocketException——创建一个 DatagramSocket

类对象,使用本地主机的指定端口。
- public DatagramSocket(int port, InetAddress laddr) throws SocketException——创建一个 DatagramSocket 类对象,使用指定主机地址的指定端口。

DatagramSocket 类的常用方法有:
- public void close()——关闭该 Socket。
- public InetAddress getLocalAddress()——获取本地地址。
- public int getLocalPort()——获取本地端口。
- public synchronized void receive(DatagramPacket p) throw IOException——接收一个数据报。没有收到数据报时,该方法阻塞。如果收到的数据长度大于缓冲区长度,则超出缓冲区的部分数据将被截去。
- public void send(DatagramPacket p) throw IOException——发送一个数据报。

3. 接收数据报

接收端创建一个接收的 DatagramSocket 类对象,在指定端口上监听,并创建一个 DatagramPacket 类对象作为接收的缓冲区,然后 DatagramSocket 类对象调用 receive 方法,等待接收数据报。收到后,将数据保存到缓冲区,程序就可以从缓冲区中取出数据进行处理了。程序 8.13 演示了接收数据报的过程,调试时需在命令行指定监听的端口。

【程序 8.13】 接收数据报。

```java
//ReceiveUDP.java
import java.net.*;
import java.io.*;
public class ReceiveUDP{
    public static void main(String args[]) throws IOException
    {
        if (args.length != 1){
            System.out.println("Usage:java ReceiveUDP <port>");
            return;
        }
        //接收缓冲区
        byte rBuff[] = new byte[100];
        //创建一个用于接收数据的数据报
        DatagramPacket packet = new DatagramPacket(rBuff, rBuff.length);
        //创建套接字
        DatagramSocket receiveSocket = new DatagramSocket(
                            Integer.valueOf(args[0]).intValue());
        //等待并接收数据报
        receiveSocket.receive(packet);
        //取数据报中的数据并打印
        System.out.println(new String(packet.getData()));
```

```
            //关闭套接字
            receiveSocket.close();
        }
    }
```

4．发送数据报

发送数据报时，发送端需要首先创建 DatagramPacket 类对象，指定要发送的数据、数据长度、接收主机地址及端口号，然后使用 DatagramSocket 类对象来发送数据报。

程序 8.14 是一个发送数据报的例子，调试时在命令行指定目标主机的地址和端口，然后从键盘键入字符串，以#作为结束符。

【程序 8.14】 发送数据报。

```
//SendUDP.java
import java.net.*;
import java.io.*;
public class SendUDP {
    public static void main (String args[]) throws IOException
    {
        //判断命令行参数是否符合要求
        if (args.length != 2) {
            System.out.println("Usage:java Sender <dest hostname> <port>");
            return;
        }
        //发送缓冲区
        byte sBuf[] = new byte[100];
        System.out.println("输入字符串以#结束(不超过 100 个字符)");
        DataInputStream dataIn = new DataInputStream(System.in);

        int i;
        //读取键盘输入，存入缓冲区
        for (i = 0; i < 100; i++){
            byte inByte = dataIn.readByte();
            if ((char)inByte == '#')
                break;
            sBuf[i] = inByte;
        }
        //创建数据报套接字
        DatagramSocket sendSocket = new DatagramSocket();
        //创建一个数据报
        DatagramPacket packet = new DatagramPacket(sBuf, i,
```

InetAddress.getByName(args[0]), Integer.valueOf(args[1]).intValue());
//发送
sendSocket.send(packet);
//关闭
sendSocket.close();
        }
    }

可在同一台计算机上调试程序 8.13 和 8.14，分别在命令行输入：

  java ReceiveUDP *1028*
  java SendUDP localhost *1028*

斜体字为端口号，可指定为其他数值，只要发送和接收相同就可以了。如果在不同的机器上调试，发送时用指定目标的 IP 地址代替 localhost。

8.3.3 Socket 编程实例

本节给出一个采用多线程技术同时为多个连接请求服务的程序框架。程序 8.15 为服务器程序，该程序接受客户端的连接请求后，为每一个连接创建一个新的线程，向客户端发送数据。程序 8.16 和 8.17 为客户端程序，程序 8.16 为 Java 应用程序，程序 8.17 为 Java Applet 程序。

【程序 8.15】 多线程服务器演示程序。

```java
// ServerDemo.java
/**
 *   多线程服务器演示程序
 **/

import java.net.*;
import java.io.*;

public class ServerDemo{
    public static void main(String args[]) throws IOException
    {
        Server game=new Server();              //创建服务器线程
        game.setDaemon(true);                  //设置为守护线程
        game.start();                          //启动服务器线程
        char c;
        //主线程等待键盘输入，如按 x 键退出
        do{
            c = (char)System.in.read();
        }while(c!='x');
```

```java
            game.stop();
            game.server.close();
        }
    }

//服务器类
class Server extends Thread {
    ServerSocket   server;
    public Server() throws IOException
    {
        //创建服务器  port = 1028
        server=new ServerSocket(1028);
        System.out.println("Server created.");
        System.out.println("waiting for client to connect on...");
    }
    //服务器线程体
    public void run()
    {
        while(true){
            try{
                //等待连接
                Socket socket = server.accept();
                System.out.println("Connecting:"+socket.toString());
                //创建一个新的线程为新连接服务
                Service serv = new Service(socket);
                serv.start();
            }catch(Exception e){
                System.out.println("Exception:"+e.getMessage());
            }
        }
    }
}


//为一个连接服务的线程类
class Service extends Thread {
    Socket socket;
    public Service(Socket socket)
    {
        this.socket = socket;
```

```java
    }
    public void run()
    {
        DataOutputStream out;
        try{
            out = new DataOutputStream(socket.getOutputStream());
            try{
                for(int i=0;i<10;i++){
                    out.writeBytes(new Integer(i).toString()+"\n");
                }
            }catch(Exception e){
                System.out.println("Exception:"+e.getMessage());
            }
            out.close();
            socket.close();
        }catch(IOException e){
            System.out.println("Exception:"+e.getMessage());
        }
    }
}
```

【程序 8.16】 客户端 Java Application 演示程序。

```java
// ClientApp.java
/**
 * 客户端 Java Application 演示程序
 **/
import java.io.*;
import java.net.*;

public class ClientApp {
    public static void main(String args[])
    {
        try{
            if (args.length != 1){
                System.out.println("USAGE: java Client servername");
                return;
            }
            String   connectto= args[0];
            Socket connection;
            connection=new Socket(connectto,1028);
```

```java
            BufferedReader input = new BufferedReader(new InputStreamReader
                                (connection.getInputStream()));

            //从服务器读取信息
            String info;
            while((info = input.readLine())!=null){
                System.out.println(info);
            }
            connection.close();
        }catch(SecurityException e){
            System.out.println("SecurityException when connecting Server!");
        } catch(IOException e){
            System.out.println("IOException when connecting Server!");
        }
    }
}
```

【程序 8.17】 客户端 Java Applet 演示程序。

```java
// AppletClient.java
/**
 *客户端 Java Applet 演示程序
 **/
import java.applet.*;
import java.awt.*;
import java.io.*;
import java.net.*;

public class AppletClient extends Applet{
    String info="";
    public void init(){
        try{
            String   connectto = getCodeBase().getHost();
            Socket connection;
            //连接到服务器
            connection=new Socket(connectto,1028);

            BufferedReader input = new BufferedReader(new
            InputStreamReader(connection.getInputStream()));

            //从服务器读取信息
```

```
            String infoline;
            while((infoline = input.readLine())!=null){
                info=info+infoline;
            }
            connection.close();
        } catch(SecurityException e)
        {
          info = e.toString();
        } catch(IOException e)
        {
          info = e.toString();
        }
    }
    public void paint(Graphics g)
    {
       g.drawString(info,20,20);
    }
}
```

实训八 用 Java 实现网络通信

一、实训目的
(1) 掌握客户机、服务器等基本概念。
(2) 掌握 Applet 获取网络资源的基本方法。
(3) 掌握 TCP Socket 服务器和客户机的连接建立与通信的编程方法。
(4) 掌握数据报服务器和客户机通信的编程方法。

二、实训内容
1．编写一段程序。

实现在屏幕上显示代表若干著名公司网址的按钮，按下按钮，则自动显示对应公司的主页。

2．编写 Applet 程序。

利用 URL 从下载 Applet 的服务器读取其主页内容并显示在 TextArea 中。

3．编写 TCP Socket 的服务器。

在某端口建立监听服务。编写 TCP Socket 的客户机，与服务器完成若干次通信问答。

4．编写数据报服务器。

在某端口建立监听服务，并应答所收到的来自客户机的信息。编写数据报客户机，向服务器发送一条消息。

习题八

1. 什么是 URL？一个 URL 地址由哪些部分组成？举出几个 URL 的例子。
2. Java Applet 的网络功能有哪些限制？为什么要设置这些限制？
3. 请简要叙述 TCP Socket 的含义。
4. 下列说法是否正确？如果不正确，请指出原因。
 (1) Applet 的两个方法 getCodeBase()和 getDocumentBase()的返回值都是 URL 类的对象，且二者返回的都是相同的 URL 地址。
 (2) 播放声音可以采用 Applet 的 play()方法以及 Audioclip 的 play()和 loop()方法。
 (3) 一个 Java Application 程序将从某个 URL 地址中读取文件内容，程序需要用 import 语句引入的类库只有 java.net.*。
 (4) ServerSocket 类是用于客户端的、用于监听的 UDP Socket。
5. 使用 URLConnection 类，显示某一 URL 的长度、类型、修改日期的信息。
6. 编写客户机/服务器程序，客户机周期性地得到服务器上的系统时间，并比较两者的差值。

第 9 章 JDBC 编程技术

9.1 JDBC 概述

9.1.1 JDBC 的概念

数据库是收集、存储和组织数据常用的方法，大部分应用系统不可避免地需要访问数据库。由于数据库产品纷繁复杂，在一个公司甚至一个部门经常会出现多种数据库系统并存的情况。Java 语言通过 JDBC(Java DataBase Connection，Java 数据库连接)API 提供了一个标准 SQL(Structured Query Language，结构化查询语言)数据库访问接口。由于目前几乎所有的关系数据库产品都支持 SQL 语言，开发人员能够用相同的方法将 SQL 语句发送到不同的数据库系统，访问各种数据库系统。JDBC 的结构如图 9.1 所示。

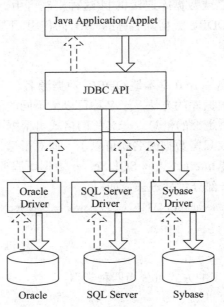

图 9.1 JDBC 的结构

JDBC 与数据库系统独立的 API 包含两部分：一部分是面向应用系统开发人员的 JDBC API，另一部分是面向驱动程序开发人员的 JDBC Driver API。Java 程序通过 JDBC API 访问 JDBC 驱动程序管理器(Driver Manager)，驱动程序管理器再通过 JDBC Driver API 访问不同的 JDBC 驱动程序，从而实现对不同类型数据库的访问。

JDBC 提供了一个通用的 JDBC Driver Manager，用来管理各数据库软件商提供的 JDBC 驱动程序，从而访问其数据库。现在越来越多的数据库厂商都开始提供其数据库产品的 JDBC 驱动程序，包括微软公司的 SQL Server 2000。不过微软提供的驱动程序在 Java Applet 中使用时需要客户端修改策略文件，改变 Java Applet 缺省的安全性限制，因此用它来开发在 Internet 上发布的 Applet 并不好。

9.1.2 JDBC URL

JDBC URL 是 JDBC 用来标识数据库的方法，JDBC 驱动程序管理器根据 JDBC URL 选择正确的驱动程序，由驱动程序识别该数据库并与之建立连接。JDBC 提供某些约定，驱动程序设计人员按照约定构造 JDBC URL，用户无需关心如何来形成 JDBC URL，只需使用与驱动程序一起提供的 URL 即可。

JDBC URL 的约定应该非常灵活，可以与各种不同类型的数据库驱动程序一起使用，允许不同的驱动程序使用不同的方案来命名数据库，允许将连接数据库所需的全部信息编入其中。JDBC URL 的标准语法由三部分组成，各部分间用冒号分隔：

  jdbc:<子协议>:<子名称>

三个部分可分解如下：

jdbc：协议名。JDBC URL 中的协议总是 jdbc。

<子协议>：驱动程序名或数据库连接机制(这种机制可由一个或多个驱动程序支持)的名称。例如，odbc 用于指定 ODBC 数据源名称的 URL 的使用。下面的 JDBC URL 通过 ODBC 驱动程序来访问某个数据库：

  jdbc:odbc:fred

这里，子协议为 odbc，子名称 fred 是本地 ODBC 数据源名。

<子名称>：一种标识数据库的方法。子名称可以依不同的子协议而变化，使用子名称的目的是为定位数据库提供足够的信息。子名称的格式可根据不同的子协议而变化。在上面的例子中，ODBC 子协议只需数据源名就可以了，而对于远程服务器上的数据库往往需要更多的信息。例如，通过 Internet 访问 SQL Server 数据库服务器，则在 JDBC URL 中应将网络地址作为子名称的一部分包括进去。如：

  jdbc:microsoft:sqlserver://localhost:1433;User=sa;Password=;DatabaseName=DemoDB

9.1.3 JDBC 驱动程序

JDBC 驱动程序按照实现的方式可分为四种类型：

1) JDBC-ODBC 桥

ODBC(Open Database Connectivity，开放数据库互连)是微软公司开放服务结构(WOSA，Windows Open Services Architecture)中有关数据库的一个组成部分。与 JDBC 类似，它建立了一组规范，并提供了一组对数据库访问的标准 API，利用 SQL 来完成其大部分任务。

ODBC 标准出现较早，目前几乎所有的数据库系统都提供 ODBC 驱动程序。Sun 公司针对没有提供相应 JDBC 驱动程序的数据库系统，开发了特殊的驱动程序：JDBC-ODBC 桥，该驱动程序支持 JDBC 通过现有的 ODBC 驱动程序访问相应的数据库系统。这种类型的驱动实际是把所有 JDBC 的调用传递给 ODBC，再由 ODBC 调用本地数据库驱动代码，其执行效率比较低，对于那些大数据量存取的应用是不适合的。

JDBC-ODBC 桥的子协议名为 odbc，允许在子名称（数据源名称）后面指定任意多个属性值。ODBC 子协议的完整语法为：

  jdbc:odbc:< 数据资源名称 >[;< 属性名 >=< 属性值 >]*

这里，* 表示可有多个属性。下面都是合法的 jdbc:odbc 名称：

  jdbc:odbc:qeor7

  jdbc:odbc:wombat

  jdbc:odbc:wombat;CacheSize=20;ExtensionCase=LOWER

  jdbc:odbc:qeora;UID=kgh;PWD=fooey

2) 本地 API 驱动

本地 API 驱动直接把 jdbc 调用转变为数据库的标准调用，然后通过本地数据库驱动代码访问数据库。这种驱动执行效率高于 JDBC-ODBC 桥，但它仍然需要在客户端加载数据库厂商提供的代码库，因此不适合基于 Internet 的应用。

3) 网络协议驱动

JDBC 首先将对数据库的访问请求传递给网络上的中间件服务器，中间件服务器再将请求翻译为符合数据库规范的调用然后将这种调用传给数据库服务器。

由于这种驱动方式是基于中间件服务器的，因此不需要在客户端加载数据库厂商提供的代码库，而且具有较高的执行效率。因为大部分功能实现都在中间件服务器端，所以这种驱动可以设计得很小，就可以非常快速地加载到内存中。但是，这种驱动在中间件层仍然需要有配置其它数据库驱动程序，并且由于多了一个中间层传递数据，它的执行效率还不是最好。

4) 本地协议驱动

这种驱动直接把 JDBC 调用转换为符合相关数据库系统规范的请求，应用程序可以直接和数据库服务器通讯。这种类型的驱动完全由 java 实现，因此实现了平台独立性。

由于这种驱动不需要先把 JDBC 的调用传给 ODBC 或本地数据库接口或中间层服务器，所以它的执行效率非常高。而且，本地协议驱动程序可以动态地被下载，不需要在客户端或服务器端装载其他的软件或驱动，因此非常适合在基于 Internet 的应用中使用。

9.2 使用 JDBC 开发数据库应用

9.2.1 一个完整的例子

程序 9.1 是一个采用 JDBC-ODBC 访问本地 Access 数据库的 Java 应用程序，演示了使用 JDBC 开发数据库应用的基本步骤。该程序连接到指定的数据源，然后检索表 table1 中的所有记录并输出。

运行程序 9.1，首先应使用 Access 创建一个数据库，该数据库包含一个表 table1，然后建立一个数据源 AccessDB，连接到该数据库。

【程序 9.1】 采用 JDBC-ODBC 访问本地 Access 数据库。

```java
import java.sql.*;

public class JDBCDemo
{
    static public void main(String args[])
    {
        JDBCDemo obj = new JDBCDemo();
        obj.AccessDB();
    }

    Connection theConnection;              //数据库连接
    Statement theStatement;                //发送到数据库执行的 SQL 命令
    ResultSet theResult;                   //读取的数据
    ResultSetMetaData theMetaData;         //数据库命令执行后，返回结果信息
    String theDataSource;                  //包含了被访问数据库或者数据源的名称，用 URL 形式表示
    String theUser;                        //数据库的用户名
    String thePassword;                    //数据库的密码

    public void AccessDB()
    {
        openConnection();                          //打开数据库连接
        execSQLCommand("select * from table1");    //从数据库中读取内容
        closeConnection();                         //关闭已经打开的数据库
    }

    public void openConnection()
    {
        theDataSource="jdbc:odbc:AccessDB";
        theUser="";
        thePassword="";
        try{
            //装载 JDBC-ODBC 驱动程序
            Class.forName("sun.jdbc.odbc.JdbcOdbcDriver");
            //如果采用 Visual J++6.0 调试，请改为下面的语句
            //Class.forName("com.ms.jdbc.odbc.JdbcOdbcDriver");
            theConnection=DriverManager.getConnection(theDataSource, theUser, thePassword);
```

```java
            System.out.println("Connect:OK");
        }catch (Exception e){
            handleException(e);
        }
    }

    public void execSQLCommand(String command)
    {
        try{
            theStatement=theConnection.createStatement();
            theResult=theStatement.executeQuery(command);
            theMetaData=theResult.getMetaData ();
            int columnCount=theMetaData.getColumnCount ();
            System.out.println("Column Count:"+columnCount);
            while(theResult.next ()){
                for(int i =1;i<=columnCount;i++)
                {
                    String colValue=theResult.getString(i);
                    if(colValue==null)colValue="";
                    System.out.print(colValue+";");
                }
                System.out.println();
            }
        }catch(Exception e)
        {
            handleException(e);
        }
    }

    public void closeConnection()
    {
        try{
            theConnection.close ();
        }catch(Exception e){
            handleException(e);
        }
    }

    public void handleException(Exception e)
```

```
        {
            System.out.println(e.getMessage ());
            e.printStackTrace ();
            if(e instanceof SQLException){
                while((e=((SQLException)e).getNextException ())!=null){
                    System.out.println(e);
                }
            }
        }
    }
```

9.2.2 一般步骤

一般来讲，使用 JDBC 开发数据库应用可分为下面几个步骤：
(1) 装载驱动程序；
(2) 建立与数据库的连接；
(3) 发送 SQL 语句；
(4) 处理结果；
(5) 关闭数据库连接。
下面结合程序 9.1 具体介绍每个步骤的实现方法。

1. 装载驱动程序

装载驱动程序非常简单，只需要一行代码。例如，装载 JDBC-ODBC 桥驱动程序，可以用下列代码：

```
    Class.forName("sun.jdbc.odbc.JdbcOdbcDriver");
```

JdbcOdbcDriver 为 JDBC-ODBC 桥驱动程序的类名，sun.jdbc.odbc 为该类所在的包。
加载驱动程序类后，即可用它们与数据库建立连接。

2. 建立连接

使用 DriverManager 类提供的静态方法 getConnection 与数据库建立连接。例如，程序 9.1 中的语句：

```
    theConnection=DriverManager.getConnection(theDataSource, theUser, thePassword);
```

其中，theConnection 为 Connection 接口类型的对象，该接口与 DriverManager 等类均在 java.sql 包中，因此大多数数据库应用程序首先要引入 java.sql 包：

```
    import java.sql.*;
```

DriverManager 类定义的 getConnection 方法有以下三种形式：
● public static Connection getConnection(String url, String user, String password) throws SQLException；
● public static Connection getConnection(String url, Properties info) throws SQLException；

● public static Connection getConnection(String url) throws SQLException。

其中，参数 url 为 JDBC URL，用于指明要连接的数据库；参数 user 和 password 为数据库的用户名和口令，有些数据库驱动程序允许在 URL 中指定用户名和口令等参数，则无需这两个参数；参数 info 用于提供连接数据库的参数，一般也用于提供用户名和口令。

DriverManager.getConnection 方法返回一个打开的连接，可以使用此连接创建 JDBC Statement 对象并发送 SQL 语句到数据库。

3. 发送 SQL 语句

建立连接后，就可以向数据库传送 SQL 语句了。JDBC 提供了 Statement 接口，用于向数据库发送 SQL 语句。可以使用 Connection 接口中的 createStatement 方法创建 Statement 对象，用于发送简单的 SQL 语句。程序 9.1 中采用下面的语句创建了一个 Statement 类型的对象：

  theStatement=theConnection.createStatement();

创建一个 Statement 对象后，调用 Statement 接口的 executeQuery 方法即可向数据库传递 SQL 查询(select)语句。executeQuery 方法的形式如下：

  public ResultSet executeQuery(String sql) throws SQLException

例如，程序 9.1 中的语句：

  theResult=theStatement.executeQuery(command);

Statement 接口还定义了其他一些方法，它们用于执行不同类型的 SQL 语句，例如：

  public int executeUpdate(String sql) throws SQLException

该方法用于执行 INSERT、UPDATE、DELETE 等不需要返回结果的 SQL 语句。

4. 处理结果

SQL 查询语句返回从数据库中检索到的符合条件的记录，Java 程序可以通过 Statement 接口 executeQuery 方法返回的结果集(ResultSet)接口类型的对象获取并处理该结果。

程序 9.1 在执行 SQL 查询语句后，紧接着调用 ResultSet 类型对象的 getMetaData 方法，该方法返回一个 ResultSetMetaData 类型的值。通过 ResultSetMetaData 对象，可以获得很多有用的数据。程序 9.1 调用 getColumnCount 方法获得结果表中列的数量。最后，该程序反复使用该结果集，调用 theResult 的 next()方法遍历结果集中的每一条记录，直到该方法使用完全不记录返回 false 为止。

程序 9.1 调用结果集 theResultSet 的 getString 方法来获取当前记录指定列的数据：

  String colValue=theResult.getString(i);

这里，i 为列号，从 1 开始计数。实际上，大部分时候访问结果集中的某一列会根据数据库中表的字段名来进行访问，可以使用 getString 的另一种形式：

  public String getString(String columnName) throws SQLException

其中，参数 columnName 为字段名。

5. 关闭数据库连接

访问完某个数据库后，应该关闭数据库连接，释放与连接有关的资源。用户创建的任何打开的 ResultSet 或者 Statement 对象将自动关闭。关闭连接只需调用 Connection 接口的 close 方法即可，程序 9.1 中的语句

```
        theConnection.close ();
```
即完成该功能。

另外应该注意，大部分 JDBC 相关的方法都会抛掷 SQLException 类型的异常，在编程时应注意捕捉该类异常。

9.2.3 JDBC 相关类介绍

前面介绍了使用 JDBC 访问数据库的一般步骤，下面对其中涉及到的一些类和接口再作一个简单的介绍。

1. DriverManager 类

DriverManager 类是 JDBC 的管理层，作用于用户和驱动程序之间。它跟踪可用的驱动程序，并在数据库和相应驱动程序之间建立连接。另外，DriverManager 类也处理诸如驱动程序登录时间限制及登录和跟踪消息的显示等事务。

对于简单的应用程序，程序员仅需直接使用该类的 getConnection 方法建立与数据库的连接。JDBC 允许用户调用 DriverManager 的 getDriver、getDrivers 和 registerDriver 方法以及 Driver 的 connect 方法。但大多数情况下，让 DriverManager 类管理建立连接的细节为上策。Driver 为 JDBC 中定义的一个接口，每一个 JDBC 驱动程序都需要实现这个接口。

一般情况下，不需直接调用 registerDriver，而是在加载驱动程序时由驱动程序自动调用。加载驱动程序有以下两种方法：

(1) 调用方法 Class.forName 显式地加载驱动程序类。这种方法与外部设置无关，因此推荐使用这种加载驱动程序的方法。例如，下面的两条语句分别为加载微软 SQL Server 和 MySQL 的 JDBC 驱动程序：

```
        Class.forName("com.microsoft.jdbc.sqlserver.SQLServerDriver");
        Class.forName("com.mysql.jdbc.Driver");
```

(2) 将驱动程序添加到 java.lang.System 的 jdbc.driver 属性中，这是一个由 DriverManager 类加载的驱动程序类名的列表，由冒号分隔。初始化 DriverManager 类时，它搜索系统属性 jdbc.drivers，DriverManager 类将试图加载该属性指定的驱动程序。程序员可在 Java 虚拟机的配置文件中设置系统属性 jdbc.drivers。这种方法很少使用，本书不详细介绍。

DriverManager 类常用的方法有：

- static void deregisterDriver (Driver driver)——从驱动程序列表中删除已登记的驱动程序。
- static Connection getConnection(String url)。
- static Connection getConnection(String url, Properties info)。
- static Connection getConnection(String url, String user, String password)。

以上三种方法用于建立与数据库的连接。

- static Driver getDriver(String url)——根据 JDBC URL 获得对应的驱动程序。
- static Enumeration getDrivers()——获取当前已装载的 JDBC 驱动程序列表。
- static int getLoginTimeout()。
- static void setLoginTimeout(int seconds)。

以上两种方法分别用于获得或设置连接数据库时驱动程序可以等待的最长时间。
- static PrintWriter getLogWriter()。
- static void setLogWriter(PrintWriter out)。

以上两种方法分别用于获得或设置写日志的 PrintWriter 对象。
- static void println(String message)——输出信息到当前 JDBC 日志流。
- static void registerDriver(Driver driver)——登记给定的 JDBC 驱动程序。

DriverManager 类的静态方法 getConnection 用于与数据库建立连接，返回一个 Connection 接口类型的对象，用于表示 JDBC 驱动程序与数据库的连接。getConnection 方法遍历驱动程序清单，将 URL 和参数传递给驱动程序类的 connect 方法，如果驱动程序支持该 URL 指定的子协议和子名称，则连接数据库并返回 Connection 对象。

2. Statement 接口及其子接口

向数据库发送 SQL 语句的任务是由 Statement 对象完成的，Connection 对象可以创建三种类型的 Statement 对象，它们分别是：

(1) Statement——用于执行不带参数的简单 SQL 语句。

(2) PreparedStatement——用于执行预编译的 SQL 语句，并允许在 SQL 语句中使用 IN 参数。

(3) Callablestatement——用于执行数据库存储过程的调用。它允许使用 IN、OUT 或 INOUT 三种类型的参数。

这三个接口的关系如图 9.2 所示。

图 9.2 Statement 之间的继承关系

Statement 对象用于执行静态 SQL 语句(即不带参数的 SQL 语句)并获取处理的结果。创建一个 Statement 对象的方法很简单，只需调用 Connection 的 createStatement 方法就可以了。它的一般形式如下：

　　Connection con=DriverManager.getConnection(URL, "USER", "password");

　　Statement stmt=con.createStatement();

创建了 Statement 对象后，可调用其中的方法执行 SQL 语句。JDBC 中提供了三种执行方法：executeUpdate、executeQuery 和 execute。下面分别介绍这三种方法。

1) executeUpdate 方法

executeUpdate 方法的形式为

　　public int executeUpdate(String sql) throw SQLException

该方法一般用于执行 SQL 的 INSERT、UPDATE 或 DELETE 语句，或者执行无返回值的 SQL DDL 语句(即 SQL 数据定义语言)，如 CREATE 或 DROP 等。

当执行 INSERT 等 SQL 语句时，此方法的返回值是这个 SQL 语句所影响的记录的总行数。若返回值为 0，则表示执行未对数据库造成影响。若执行的语句是 SQL DDL 语句，返回值也是 0。

2) executeQuery 方法

executeQuery 方法的形式为

  public ResultSet executeQuery(String sql)throw SQLExecption

该方法一般用于执行 SQL 的 SELECT 语句。它的返回值是执行 SQL 语句后产生的结果集，是一个 ResultSet 类型的对象，可以利用 ResultSet 中的方法查看结果。

程序 9.2 使用了 executeUpdate 执行 SQL 语句，向 table1 插入两条记录。

【程序 9.2】 使用 executeUpdate 执行 SQL 语句。

```java
public class InsertRec{
    public static void main(String args[])
    {
        String url="jdbc:odbc:AccessDB";
        try{
            //加载 jdbc-odbc bridge 驱动程序
            Class.forName("sun.jdbc.odbc.JdbcOdbcDriver");
            //与驱动器建立连接
            Connection con=DriverManager.getConnection(url);
            //创建一个 Statement 对象
            Statement stmt=con.createStatement();
            //执行 SQL 语句
            int count1=stmt.executeUpdate(
                    "INSERT INTO table1 (name, sex, age) VALUES('吴化龙', '男', 30)");
            int count2=stmt.executeUpdate(
                    "INSERT INTO table1 (name, sex, age) VALUES('王一飞', '男', 28)");
            //打印执行结果
            System.out.println("Insert successfully!");
            System.out.println("Updated rows is"+(count1+count2)+".");
            //关闭连接
            stmt.close();
            con.close();
        }catch(Exception ex)
        {
            //打印异常信息
            System.out.println(ex.getMessage());
        }
    }
}
```

3) execute 方法

execute 方法的形式为

  public boolean execute(String sql) throw SQLException

这个方法比较特殊，一般只有在用户不知道执行 SQL 语句后会产生什么结果或可能有多种类型的结果产生时才会使用。例如，执行一组既包含 DELETE 语句又包含 SELECT 语句的 SQL 命令，执行后既产生了一个 ResultSet，又影响了相关记录，即有两种类型的结果产生，这时必须用 execute()方法执行以获取完整的结果。execute()方法的执行结果允许产生多个 ResultSet，或多条记录被影响，或两者都有。

由于执行结果的特殊性，因此对调用 execute 后产生的结果的查询也有特定的方法。Execute()方法本身的返回值是一个布尔值，当第一个结果为 ResultSet 时，它返回 true，否则返回 false。Statement 接口定义了 getResultSet、getUpdateCount、getMoreResult 等方法来查询执行 execute()的结果。

- public ResultSet getResultSet() throws SQLException——若当前结果是 ResultSet，则返回一个 ResultSet 的实例，否则返回 null。对每个结果而言，此方法只可调用一次，即每个结果只可被获取一次。

- public int getUpdateCount() throws SQLException——若当前结果是对某些记录作了修改，则返回总共修改的行数，否则返回 –1。同样，每个结果只能调用一次这个方法。

- public boolean getMoreResults() throw SQLException——将当前结果置成下一个结果，当下一个结果是 ResultSet 时，返回 true，否则返回 false。

PreparedStatement 接口由 Statement 接口派生而来，有以下两个特点：

(1) 一个 PreparedStatement 的对象中包含的 SQL 语句是预编译的，当需要多次执行同一条 SQL 语句时，利用 PreparedStatement 传送这条 SQL 语句可以大大提高执行效率；

(2) PreparedStatement 的对象所包含的 SQL 语句中允许有一个或多个 IN(输入)参数。

创建 PreparedStatement 对象时，IN 参数用"?"代替。在执行带参数的 SQL 语句前，必须对"?"进行赋值。PreparedStatement 定义了很多方法，完成对 IN 参数赋值。

创建一个 PreparedStatement 类的对象只需在建立连接后调用 Connection 中的 prepareStatement 方法：

  public PreparedStatement prepareStatement(String sql)   throws SQLException

例如，下面的语句用于创建一个 PreparedStatement 的对象，其中包含一条带参数的 SQL 声明：

  PreparedStatement pstmt = con.prepareStatement("INSERT INTO testTable(id, name) VALUES(?, ?)");

IN 参数的赋值可以使用 PreparedStatement 中定义的形如 setXXX 的方法来完成，根据 IN 参数的 SQL 类型选用合适的 setXXX 方法。例如对上面的 SQL 语句，若需将第一个参数设为 3，第二个参数设为"XU"，即插入的记录 id=3，name="XU"，可用下面的语句实现：

  pstmt.setInt(1,3);

  pstmt.setString(2,"XU");

除了 setInt、setLong、setString、setBoolean、setShort、setByte 等常见的方法外，PreparedStatement 还提供了几种特殊的 setXXX 方法：

- public void setNull(int ParameterIndex, int sqlType) throws SQLException——将参数值赋为 Null。sqlType 是在 java.sql.Types 中定义的 SQL 类型号。例如语句：

    pstmt.setNull(1, java.sql.Types.INTEGER);

将第一个 IN 参数的值赋为 Null。

- public void setTime(int parameterIndex, Time x) throws SQLException——当参数为时间类型时使用该语句，例如 SQL Server 中的 DATE 类型的字段。
- public void setUnicodeStream(int Index, inputStream x, int length) throws SQLException。
- public void setBinaryStream(int Index, inputStream x, int length) throws SQLException。
- public void setAsciiStream(int Index, inputStream x, int length) throws SQLException。

当参数的数据量很大时(例如将一个图像文件的内容存放到数据库中)，将参数值放在一个输入流 x 中，再通过调用上述三种方法将其赋予特定的参数，参数 length 表示输入流中数据的长度。

程序 9.3 给出了一个使用 PreparedStatement 的例子。

【程序 9.3】 使用 PreparedStatement 执行 SQL 语句。

```
import java.net.URL;
import java.sql.*;
public class InsertRec2{
   public static void main(String args[])
   {
      String url="jdbc:odbc:AccessDB";
      String data[][]={{"王俊仁","男","27"},{"田小二","女","25"}};
      try{
         //Class.forName("com.ms.jdbc.odbc.JdbcOdbcDriver");   //Visual J++
         Class.forName("sun.jdbc.odbc.JdbcOdbcDriver");
         Connection con=DriverManager.getConnection(url);
         //创建一个 ParepareStatement 对象
         PreparedStatement pstmt=con.prepareStatement(
                  "INSERT INTO table1 (name,sex,age) VALUES(?,?,?)");
         //参数赋值，执行 SQL 语句
         for (int i=0;i<data.length;i++){
            pstmt.setString(1,data[i][0]);
            pstmt.setString(2,data[i][1]);
            pstmt.setInt(3,Integer.parseInt(data[i][2]));
            pstmt.executeUpdate();
         }
         System.out.println("Insert successfully!");
         //关闭连接
         pstmt.close();
         con.close();
```

```
        }catch(Exception ex){
            System.out.println(ex.getMessage());
        }
    }
}
```

CallableStatement 接口为 JDBC 程序调用数据库中的存储过程提供了一种标准方式，允许调用的存储过程带有 IN 参数、OUT 参数或 INOUT 参数。CallableStatement 除继承了 PreparedStatement 中的方法外，还增加了处理 OUT 参数的方法。

CallableStatement 对象可通过调用 Connection 中的 prepareCall 方法来创建，该方法的形式为

    public CallableStatement prepareCall(String sql) throws SQLException

创建 CallableStatement 对象主要用于执行存储过程，在使用前应了解使用的数据库系统是否支持存储过程。目前，大多数数据库服务器商业产品都支持存储过程，如微软的 SQL Server。Linux 系统下影响较大的 MySQL 数据库服务器不支持存储过程。存储过程的使用比较复杂，本书不再详细介绍。

3. ResultSet 接口

结果集 ResultSet 是用来代表执行 SQL 查询语句后产生的结果集合的抽象接口类。它的对象一般由 Statement 类及其子类通过方法 execute 或 executeQuery 执行 SQL 查询语句后产生，包含这些语句的执行结果。

ResultSet 的通常形式类似于数据库中的表，包含符合查询要求的所有行。由于一个结果集可能包含多行数据，为读取方便，使用指针(cursor)来标记当前行，指针的初始位置指向第一行之前。

ResultSet 接口定义了 next 方法来移动指针，每调用一次 next 方法，指针下移一行：

    public boolean next()

指针指向最后一行时，再调用 next 方法，返回值为 false，表明结果集已处理完毕。通常，处理结果集的程序段采用下面的结构：

```
    while(rs.next()){
        …//处理每一个结果行
    }
```

程序 9.1 采用的就是这种方法。要注意的是，结果集的第一条记录也必须在第一次调用 next 方法后才能访问。

结果集的指针指向要访问的记录后，可以通过 ResultSet 接口定义的一系列 getXXX 方法提供从当前行获得指定字段的值。例如：

    rs.getInt("id");
    rs.getString("name");

也可以等价地用列的序号执行：

    rs.getInt(1);
    rs.getString(2);

这里，id 为结果集的第一列的字段名，name 为第二列的字段名。列序号从左至右编号，从序号 1 开始。

对应 get 方法指定的类型，JDBC Driver 总是试图将数据库实际定义的数据类型转化为适当的 Java 定义的类型。

ResultSet 常用的方法还有：
- public int findColumn(String Columnname)——根据指定的字段名找出对应的列序号。
- public boolean wasNull()——检查最新读入的一个列值是否为 SQL 的空(Null)类型值。
- public void close()——关闭结果集。大部分时候结果集不需要显式关闭，当产生结果集的 Statement 对象关闭或再次执行 SQL 语句时，将自动关闭相应的结果集；当读取多个结果集的下一结果集时，前一个结果集也将自动关闭。

实训九 数据库应用程序开发

一、实训目的

(1) 理解 JDBC 的基本结构。
(2) 掌握 JDBC 驱动程序的加载方法和 JDBC-ODBC 桥或 MySQL 数据库 URL 的形式。
(3) 掌握使用 JDBC 连接数据库的步骤。
(4) 掌握使用 JDBC 发送 SQL 语句的基本步骤。
(5) 掌握使用 JDBC 处理 SQL 查询结果集的方法。

二、实训内容

1. 创建 ODBC 数据源。

首先使用 MS Office 套件中的 Access 建立一个 Access 数据库文件，然后通过 Windows 控制面板创建数据源名。在 Windows XP 下可采用如下的步骤：

(1) 打开 Windows XP 控制面板，在控制面板中打开管理工具，即可找到数据源(ODBC) 图标，如图 9.3 所示。

图 9.3 Windows XP 控制面板

(2) 单击数据源管理器中的"添加"按钮,如图 9.4 所示。

(3) 在创建新数据源对话框中选择"Microsoft Access Driver(*.mdb)",然后单击"完成"按钮,如图 9.5 所示。

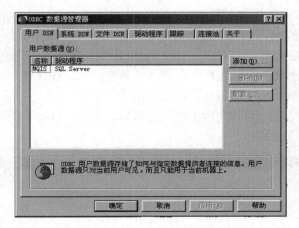

图 9.4 ODBC 数据源管理器

图 9.5 选择 ODBC 驱动程序

(4) 在图 9.6 所示的对话框中输入数据源名 demo,然后单击"选择"按钮,在出现的对话框中选择实训内容 1 中创建的 Access 数据库文件。最后单击"确定"按钮,数据源名创建成功。

图 9.6 设置数据源名

2. 使用 MySQL 数据库服务器。

MySQL 是一个开源的关系型数据库管理系统，由瑞典 MySQL AB 公司开发，目前属于 Oracle 公司。下面简单介绍 MySQL 的安装及创建数据库的方法。

(1) MySQL 的安装。用浏览器访问 http://dev.mysql.com/downloads/，根据所使用的操作系统选择相应版本的 MySQL Community Server。对于 Windows 用户，MySQL 提供两种形式的下载包，一种是 MSI 安装包，另一种是 zip 压缩包。MSI 安装包只是一个安装程序，执行时会从网站下载所需的安装组件。如果网络条件许可，建议使用 MSI 安装包，可以使用图形用户界面选择所需安装的组件，简单易用。

执行 MSI 安装包，显示图 9.7 所示的欢迎窗口，单击"Install MySQL Products"，然后按照提示可以轻松完成安装。

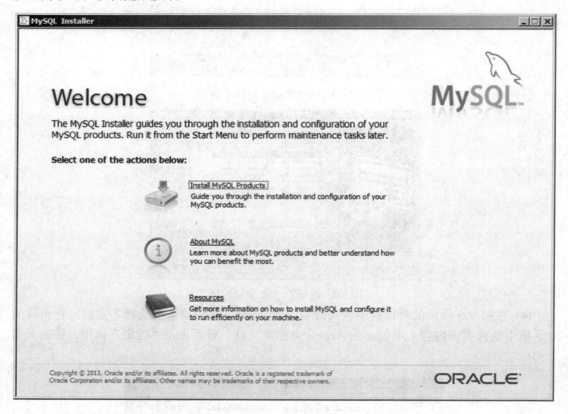

图 9.7　MySQL 安装程序欢迎界面

安装过程中有部分设置需要注意：

① 安装类型：默认为 Developer Default，如图 9.8 所示。可以选择 Custom，定制需要安装的组件，建议至少安装 MySQL Server、MySQL Workbench、Connector/J(此项为 JDBC 驱动程序)。

② 端口：默认使用的端口为 3307，如图 9.9 所示。如果用户的计算机中已有其它软件占用此端口，则必须修改此端口号。

③ root 用户密码设置及服务器用户创建：如图 9.10 所示，设置 MySQL 服务器默认管

理员 root 用户的密码。从数据库服务器安全性考虑，建议另外添加一个用户(Add User)，程序在连接数据库服务器时不直接使用 root 用户。

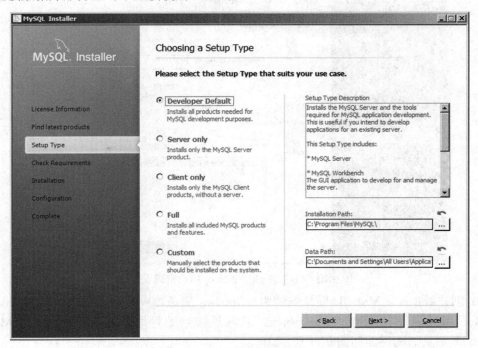

图 9.8　选择 MySQL 安装类型

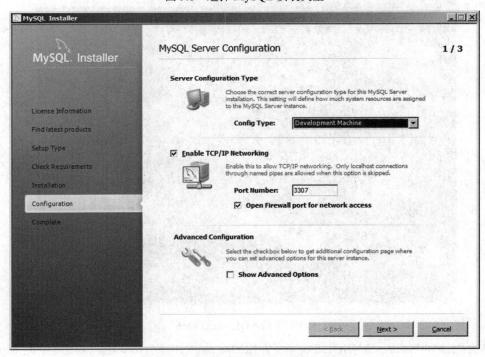

图 9.9　MySQL 服务器端口设置

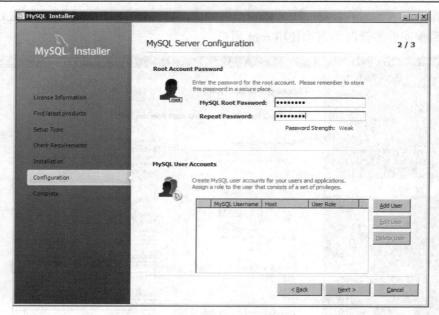

图 9.10　MySQL 服务器 root 用户密码设置

(2) 创建数据库。MySQL 默认安装为 Winodws 服务，Windows 系统启动时自动启动 MySQL。可以启动 MySQL Workbench，将其连接到数据库进行数据库管理，MySQL Workbench 启动后的界面如图 9.11 所示。

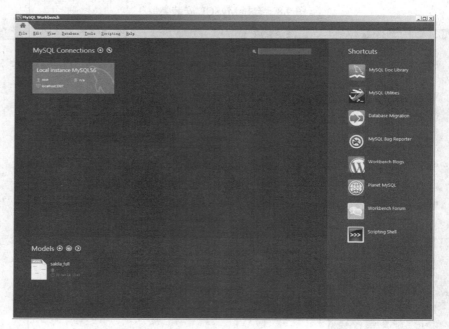

图 9.11　MySQL Workbench

单击"Local Instance MySQL 5.6"，在弹出的对话框中输入 root 用户的密码，则 MySQL Workbench 连接到本机的数据库服务器，如图 9.12 所示。

第 9 章 JDBC 编程技术

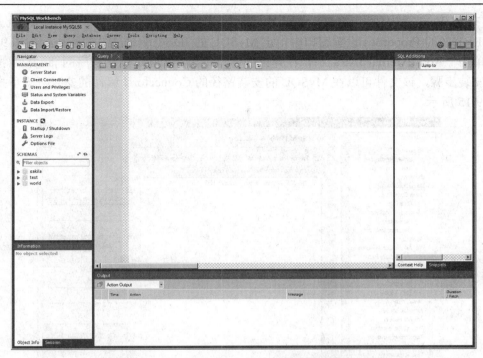

图 9.12 MySQL Workbench 连接到本机的数据库服务器

单击工具栏中 图标,可以创建一个新的数据库,如图 9.13 所示,其中 Name 为数据库名,Collation 为所使用的字符编码,建议选择 utf8-default Collation。

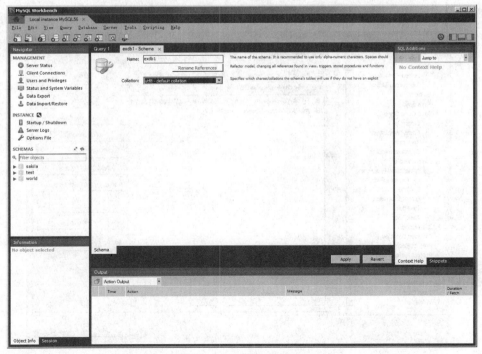

图 9.13 创建新数据库

(3) 在 Eclipse 中使用 MySQL 的 JDBC 驱动程序。在 Eclipse 中创建 Java Project 后，可以在 Project 的 Properties 设置窗口中指定 MySQL 的 JDBC 驱动文件的路径，如图 9.14 所示。单击"Add External JARs..."，在弹出的窗口中指定 JDBC 驱动程序的 jar 文件(按照上面的安装步骤，该文件可以在 MySQL 的安装路径的 Connector/J 组件的安装目录下找到)，如图 9.15 所示。

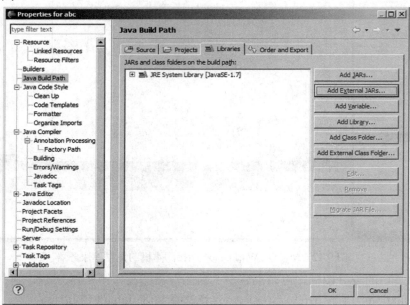

图 9.14　Java Build Path 设置

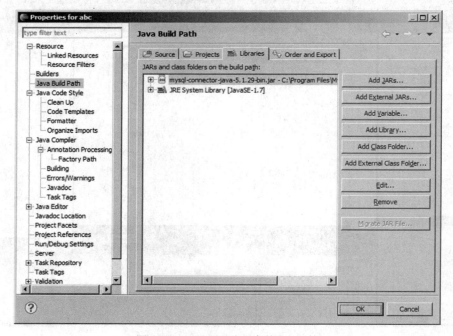

图 9.15　JDBC 驱动程序的 jar 文件

3. 编写 Java 应用程序。

连接到通过上面步骤创建的数据库，创建一个表并插入若干行记录。

(1) 装载 JDBC 驱动程序。

  Class.forName("sun.jdbc.odbc.JdbcOdbcDriver");// JDBC - ODBC 桥

  Class.forName("com.mysql.jdbc.Driver");//若使用 MySQL

(2) 连接数据源：Connection con = DriverManager.getConnection("jdbc:odbc:demo", Username, Password)。

  若使用 MySQL，则其形式为：

  Connection con= DriverManager.geiConnection(

  "jdbc:mysql://localhost:端口/数据库名","用户名","密码");

(3) 创建 Statement 对象，然后发送 SQL 语句。

```
Statement stmt = con.createStatement();
stmt.executeUpdate( "CREATE TABLE JJJJData ("   +
    "Entry      INTEGER    NOT NULL, " +
    "Customer   VARCHAR (20)   NOT NULL, "+
    "DOW        VARCHAR (3)    NOT NULL, "+
    "Cups       INTEGER    NOT NULL, " +
    "Type       VARCHAR (10)   NOT NULL," +
    "PRIMARY    KEY( Entry )"+
    ")" );
```

(4) 在表中插入记录。用下面的 SQL 语句进行操作：

  INSERT INTO JJJJData VALUES (1, 'John', 'Mon', 1, 'JustJoe')

  INSERT INTO JJJJData VALUES (2, 'JS',   'Mon', 1, 'Cappuccino')

  INSERT INTO JJJJData VALUES (3, 'Marie', 'Mon', 2, 'CaffeMocha')

4. 编写 Java 应用程序。

修改上面表中的数据，将第一条记录中的"Mon"修改为"Sun"，然后检索 Cups 字段为 1 的记录并输出。

习题九

1. JDBC 的主要功能是什么？ 它由哪些部分组成？ JDBC 中驱动程序的主要功能是什么？简述 Java 程序中使用 JDBC 完成数据库操作的基本步骤。

2. 创建执行一个 SQL 语句有几种方式？试举例说明。

3. 使用 JDBC 创建一个表，表中的字段及其记录如下所示：

No	Name	Price
1	apple	2.00
2	orange	3.20
3	pear	2.40

　　　　　　4　　banana　　1.50

然后完成下面的操作：

(1) 插入一条记录：

　　　　　　5　　grape　　3.20

(2) 检索所有 Price 大于 2.00 的记录。

(3) 删除 No 为 3 的记录。

(4) 将 No 为 4 的记录的 Price 更新为 2.00。

第 10 章 Web 应用入门

10.1 Web 服务器与 Web 应用

随着 Internet 技术的发展，基于 Web 的应用得到越来越广泛的应用，例如网上书店、博客、论坛等。与普通应用程序不同，用户无需安装应用程序，只需要在 Web 浏览器(如 IE、Firefox 等)中输入 URL 即可访问 Web 应用。Web 应用系统具有极强的可维护性和易用性，当新版本发布时，只需要更新 Web 服务器上的代码即可。前面介绍的 Java Applet 虽然也可用于 Web 应用，但 Java Applet 是下载到本地运行的，不适合大型的应用。

Web 服务器是在网络中为实现信息发布、资料查询、数据处理等诸多应用搭建基本平台的服务器。Web 服务器与浏览器之间通过 HTTP 协议进行通信，用于传输采用 HTML(Hyper Text Markup Language，超文本标记语言)创建的网页等内容。

Web 服务器的基本工作原理如图 10.1 所示。Web 浏览器首先向一个特定的服务器发出 Web 页面请求；Web 服务器接收到 Web 页面请求后，寻找所请求的 Web 页面，并将所请求的 Web 页面传送给 Web 浏览器；Web 浏览器接收到所请求的 Web 页面，并将它显示出来。

图 10.1 Web 服务器的工作原理

标准的 HTML 语言只能编制静态的网页，仅仅使用 HTML 语言是无法开发出一个完整的应用系统的。我们可以使用 Java 开发 Web 应用程序。这些应用程序使用 JSP(Java Server Pages)技术创建 Web 内容。JSP 技术利用 Java 和 HTML 来开发动态 Web 页面。

要使用 JSP 技术，Web 服务器端必须安装 JSP 引擎软件。当浏览器向 Web 服务器请求一个 JSP 页面时，该页面被服务器端的 JSP 引擎转换为被称为 Servelet 的 Java 程序，然后由 JSP 引擎调用 Java 编译器，将 Servelet(.java)编译为 Class 文件(.class)，并由 Java 虚拟机执行，执行结果为页面，返回给 Web 服务器，由 Web 服务器传递到浏览器。

10.2 Tomcat Web 服务器

自从 JSP 发布之后，推出了各式各样的 JSP 引擎。Tomcat 是 Apache Group 推出的一个免费的开源项目,它可以作为 Web 服务器使用,也可以作为其他 Web 服务器的 JSP 引擎。

　　Tomcat 官方网站 http://tomcal apache.org 目前提供 6、7、8 三个版本,安装 Tomcat 之前首先要安装相应版本的 JDK。部分集成环境如 JBuilder 已经附带了特定版本的 Tomcat,可以直接使用。如果想使用最新的 Tomcat 版本,也可以按照下面的步骤安装后,再在集成环境中配置使用新版本。

　　Tomcat 可在 Windows 和 Linux 等多种操作系统下运行,下载时应根据操作系统选择合适的版本。下面以 Windows XP 操作系统为例简要介绍 Tomcat 6.0 的安装步骤。

　　适合 Windows 各版本的安装程序为一个 EXE 文件,例如 Tomcat 6.0.14 安装程序的文件名为 apache-tomcat-6.0.14.exe,执行该程序按照提示即可安装。

　　(1) 运行安装程序,稍候片刻,显示如图 10.2 所示的画面,单击"Next"按钮,在图 10.3 所示的画面中点击"I Agree"按钮接受 Tomcat 许可协议。

 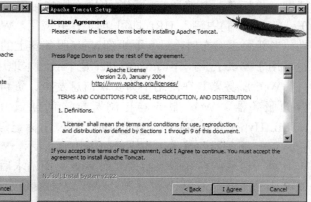

　　　　图 10.2　安装程序启动画面　　　　　　　图 10.3　接受 Tomcat 许可协议

　　(2) 选择安装类型。如图 10.4 所示,通常只需接受默认安装类型 Normal,直接点击"Next"按钮即可。

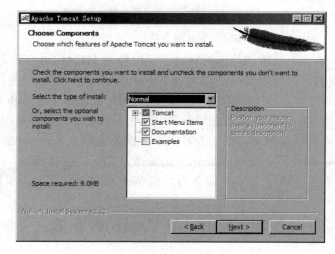

图 10.4　选择安装类型

(3) 选择安装位置。在图 10.5 中指定安装位置，如果使用默认安装位置，只需直接点击"Next"按钮即可。如果需要选择安装位置，可点击"Browse"按钮，在弹出的对话框中选择安装目录。

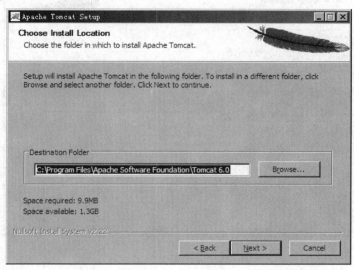

图 10.5　指定安装目录

(4) 配置端口、用户名和密码。图 10.6 允许指定 Tomcat 服务器所使用的端口，默认端口设定为 8080。如果你的计算机已安装了其他 Web 服务器或代理服务器使用了该端口，可以在图 10.6 中修改该端口(HTTP/1.1 Connector Port)。图 10.6 还允许设定 Tomcat 服务器管理员账号和密码，如果修改了用户名和密码，则务必牢记。设定完毕后，点击"Next"按钮。

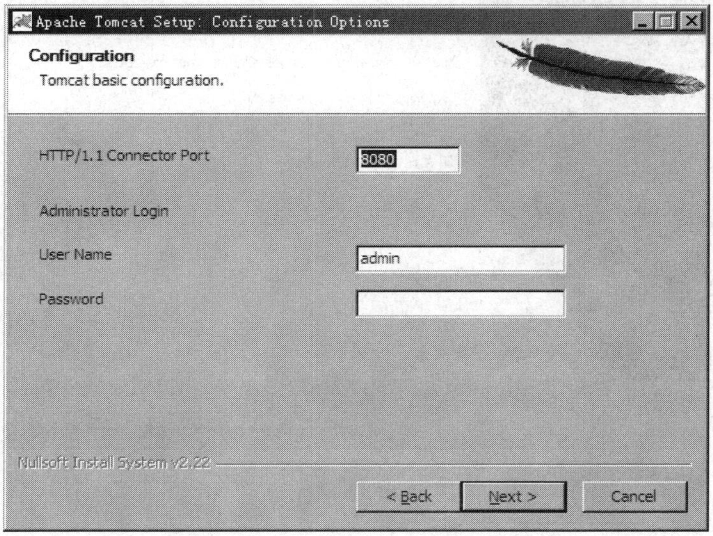

图 10.6　配置端口、用户名和密码

(5) Tomcat 安装程序会自动查找 Java 虚拟机的安装位置，如果你的计算机安装了多个版本的 Java 虚拟机，可自行指定 Java 虚拟机所在目录。如果不需修改，则直接点击"Install"

按钮开始安装，如图 10.7 所示。

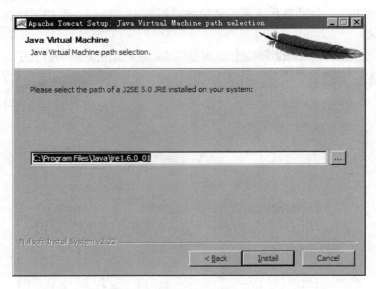

图 10.7　选择 JRE 安装位置

　　(6) 安装完毕显示如图 10.8 所示的画面，点击"Finish"按钮完成安装并启动 Tomcat 服务器。如果成功启动 Tomcat 服务器，将在任务栏上显示如图 10.9 所示的 Tomcat 图标。可以右击该图标，通过弹出式菜单配置、停止和启动 Tomcat 服务器。

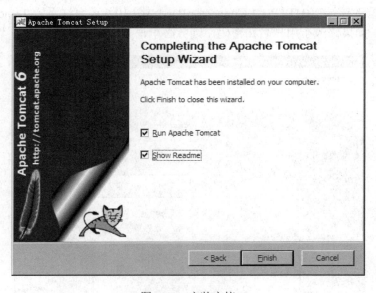

图 10.8　安装完毕

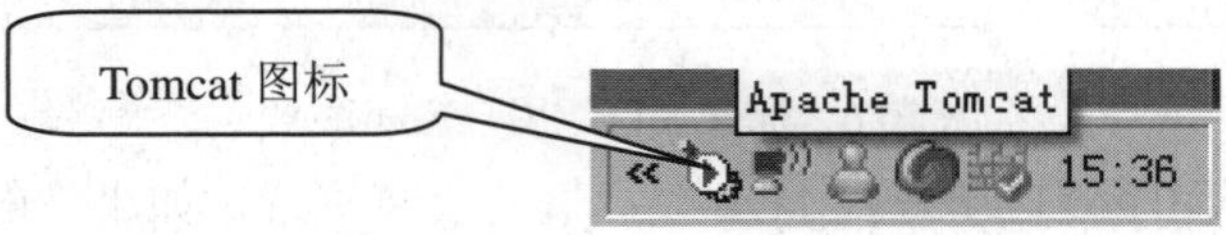

图 10.9　任务栏图标

(7) 测试是否安装成功。安装完毕后，启动 Tomcat 服务器，打开 Web 浏览器，在地址栏中输入 http://localhost:8080/，出现如图 10.10 所示的画面，表示 Tomcat 安装成功。

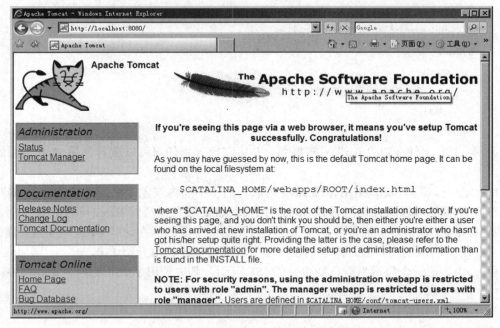

图 10.10　测试 Tomcat 是否安装成功

10.3　JSP 简 介

JSP 是由 Sun 公司在 Java 语言的基础上开发出来的一种动态网页制作技术，提供在 HTML 代码中混合程序代码、由语言引擎解释执行程序代码的能力。

在 JSP 环境下，HTML 代码主要负责描述信息的显示样式，而程序代码用来描述处理逻辑。普通的 HTML 页面只依赖于 Web 服务器，而 JSP 页面需要附加的语言引擎分析和执行程序代码。程序代码的执行结果被重新嵌入到 HTML 代码中，然后一起发送给浏览器。JSP 是面向 Web 服务器的技术，客户端浏览器不需要任何附加的软件支持。

执行 JSP 代码需要在服务器上安装 JSP 引擎，JSP 中的 Java 代码均在服务器端执行。在浏览器中使用"查看源文件"菜单是无法看到 JSP 源代码的，只能看到结果——HTML 代码。JSP 页面看起来像普通 HTML 页面，但它允许嵌入执行代码。

JSP 技术使得程序员可以使用平常得心应手的工具并按照平常的方式来书写 HTML 语句，然后将动态部分用特殊的标记(或称为标签)嵌入即可，这些标记常常以"<%"开始并以"%>"结束。程序 10.1 是一个简单的 JSP 页面，在 Tomcat 安装目录下的 webapps 目录下创建一个子目录，例如 hello，然后使用文本编辑程序输入该文件内容，保存到该目录下，文件的类型为 jsp，例如可命名为 hello.jsp。在浏览器地址栏中输入 http://localhost:8080/hello/hello.jsp，即可看到该页面的执行结果，它将输出"hello world"。该文件中的 out.println ("hello world")将被解释为 System.out.println("hello world")。

【程序 10.1】 一个简单的 JSP 页面。
```
<html>
    <head>
        <title>一个简单的 JSP 页面</title>
    </headv>
        <body>
            <I><%out.println("hello world");%></I>
        </body>
</html>
```

通常，JSP 文件应以".jsp"为扩展名，并将它放置到任何可以放置普通 Web 页面的路径下。

JSP 使用标签和 Scriplet(用标准 Java 语法写的一小段内嵌入 JSP 文件中的代码)编写页面动态内容，JSP 可以通过标签和 Scriplet 引用 Java EE 服务器端的 Bean(可理解为符合 Java EE 特定标准的 Java 类)。通常可以将一些不可见的商务逻辑放在这些 Bean 中实现，而 JSP 页面主要用于展现用户界面。限于篇幅，本章仅通过例子简单介绍 JSP。

程序 10.2 是一个显示当前日期事件的 JSP 页面，其中使用了 JSP 的一个重要标签：

<%=表达式%>

该标签在其所在位置输出表达式的值。

【程序 10.2】 显示当前日期时间 JSP 页面。
```
<html>
    <head>
    <title>First Page</title>
    </head>
    <body>
Today is:
    <%= new java.util.Date() %>
    </body>
</html>
```

10.4 案例：网上书店查询页面

10.4.1 功能需求

本节给出一个连接数据库的 JSP 页面的实例，本实例为一个网络书店应用系统的功能模块。该模块允许客户在线查询所有不同图书的信息，这些信息包括：图书的作者、封面照片、价格、ISBN、版本号、出版时间及该书的一些简介。

图 10.11 和图 10.12 是本案例的运行画面。图 10.11 使用一个选择列表框显示所有图书名的列表，用户选择图书，然后点击"查看详细信息"按钮显示如图 10.12 所示的详细信息。

图 10.11　显示图书列表

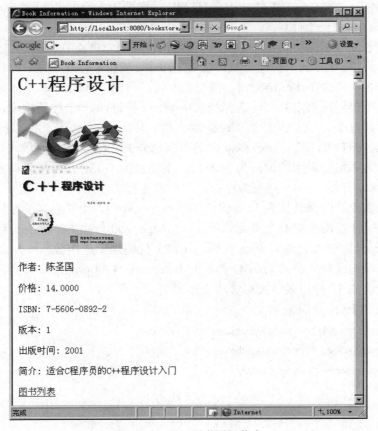

图 10.12　显示图书详细信息

本案例采用 Access 数据库，数据库中有一个名为 products 的表，结构如表 10.1 所示。

表 10.1 案例所用表结构

字段名	类 型	长 度
productID	自动编号	
title	文本	150
authors	文本	150
copyrightYear	文本	4
edition	长整数	
isbn	文本	50
cover	文本	50
description	文本	150
price	货币	

10.4.2 创建 books.jsp 页面

本节首先创建 books.jsp 页面，显示可选择的图书，其页面运行效果如图 10.11 所示。JSP 页面是标准的文本文件，主体结构为 HTML。程序 10.3 给出了 books.jsp 源文件，为了便于解释，每行加了一个行号。

books.jsp 使用了很多标准的 HTML 标记来构造页面。第 4 行和第 57 行分别为 HTML 起始和结束标记；第 5 行到第 7 行为 HTML 文档头部；从第 8 行开始为 HTML 的主体(body)部分，该部分由一个表单(Form)构成，提交表单时，访问 bookInf.jsp 页面显示详细信息。表单主要由一个显示图书名列表的选择列表框(select 标记)和一个按钮构成，列表框中显示的图书名需要通过 Java 代码从数据库中读取。

除了标准的 HTML 标记，books.jsp 中还用到部分 JSP 标签，下面简单解释一下其作用：
第 1 行指定本页面采用的编码为 gb2312，主要是为了 JSP 引擎能正确处理中文信息。
第 2 行 <%-- 开始，--%> 结束为注释，解释第 3 行的作用。
第 3 行再由 JSP 引擎转换为 Java 代码 import java.sql.*，读者应能很容易看出其对应关系。第 1 行和第 3 行均为对整个页面的设置(<% page %>)，应放在 HTML 标记开始前。

从第 16 行开始嵌入大段的 Java 代码，这部分代码用于连接数据库，采用了第 9 章介绍的访问数据库的过程，访问 ODBC 数据源 bookstore 中的 products 数据表，读取所有记录的 title 字段。第 38 行用表达式标签输出图书名。

【**程序 10.3**】 books.jsp 源文件。

1. <%@ page contentType="text/html;charset=gb2312" %>
2. <%-- import java.sql.* for database classes --%>
3. <%@ page import = "java.sql.*" %>
4. <html>
5. <head>
6. <title>图书列表</title>
7. </head>

8. <body>
9. <h1>可选择的图书</h1>
10. <!-- create form -->
11. <form method = "post" action = "bookInf.jsp">
12. <p>请从列表中选择图书名</p>
13. <!-- create list that contains book titles from database -->
14. <select name = "bookTitle">
15. <%-- 连接数据库 --%>
16. <%
17. //setup database connection
18. try
19. {
20. Class.forName("sun.jdbc.odbc.JdbcOdbcDriver");
21. //connect to database
22. Connection connection =
23. DriverManager.getConnection(
24. "jdbc:odbc:bookstore");
25. //obtain list of titles
26. if (connection != null)
27. {
28. Statement statement =
29. connection.createStatement();
30. ResultSet results = statement.executeQuery(
31. "SELECT title FROM products");
32. while (results.next() == true)
33. {
34. String currentTitle =
35. results.getString("title");
36. %>
37. <%-- 循环输出图书名 --%>
38. <option><%= currentTitle %></option>
39. <%
40. } //循环结束
41. results.close();   //关闭结果集
42. connection.close();   //关闭数据库连接
43. } //end if
44. } //end try
45. //catch SQLException
46. catch(SQLException exception)

47. {
48. out.println(
49. "Exception: " + exception + " occurred.");
50. }
51. %>
52. </select>
53. <!-- create View Information button -->
54. <p><input type = "submit" value = "查看详细信息"></p>
55. </form>
56. </body>
57. </html>

10.4.3 创建 bookInf.jsp 页面

程序 10.3 中，当用户点击"查看详细信息"按钮时，由表单 action 属性指定的 bookInf.jsp 响应的源程序清单，如程序 10.4 所示。通过 books.jsp 表单提交的图书名参数通过 request 对象获取，第 13 行指定表单参数使用 gb2312 编码，第 15 行通过 request.getParameter 获取参数，该方法的参数为表单中该项的名字。

【程序 10.4】 bookInf.jsp 源代码。

1. <%@ page contentType="text/html;charset=gb2312" %>
2. <%-- import java.sql.* for database classes --%>
3. <%@ page import = "java.sql.*" %>
4. <!-- begin HTML document -->
5. <html>
6. <!-- specify head element -->
7. <head>
8. <!-- specify page title -->
9. <title>Book Information</title>
10. </head>
11. <!-- begin body of document -->
12. <body>
13. <% request.setCharacterEncoding("gb2312"); %>
14. <!-- create a heading for the book's title -->
15. <h1><%= request.getParameter("bookTitle") %></h1>
16. <%-- begin JSP scriptlet to connect to a database --%>
17. <%
18. //setup database connection
19. try
20. {

21. //specify database location
22.
23. Class.forName("sun.jdbc.odbc.JdbcOdbcDriver");
24. //obtain connection to database
25. Connection connection = DriverManager.getConnection(
26. "jdbc:odbc:bookstore");
27.
28. //obtain list of titles from database
29. if (connection != null)
30. {
31. //create statement
32. Statement statement = connection.createStatement();
33.
34. //execute query to get book information
35. ResultSet results = statement.executeQuery(
36. "SELECT cover, title, authors, price, isbn, " +
37. "edition, copyrightYear, description " +
38. "FROM products WHERE title = '" +
39. request.getParameter("bookTitle") + "'");
40.
41. results.next();   //move cursor to the first row
42.
43. %> <%-- end scriptlet to insert literal XHTML --%>
44.
45. <!-- display book cover image -->
46. <img src = "images/<%= results.getString(
47. "cover") %>" alt = "Book cover for
48. <%= results.getString("title") %>.">
49.
50. <!-- display authors -->
51. <p>作者: <%= results.getString(
52. "authors") %></p>
53.
54. <!-- display price -->
55. <p>价格: <%= results.getString("price") %></p>
56.
57. <!-- display ISBN -->
58. <p>ISBN: <%= results.getString("isbn") %></p>
59.

60. <!-- display edition number -->
61. <p>版本: <%= results.getInt("edition") %></p>
62.
63. <!-- display copyright year -->
64. <p>出版时间: <%= results.getString(
65. "copyrightYear") %></p>
66.
67. <!-- display authors -->
68. <p>简介: <%= results.getString(
69. "description") %></p>
70.
71. <!-- create link to Book List -->
72. <p><a href = "books.jsp">图书列表</a></p>
73.
74. <%   // continue scriptlet
75.
76. results.close();   // close result set
77. connection.close();   // close database connection
78.
79. }   // end if
80.
81. }   // end try
82.
83. // catch SQLException
84. catch(SQLException exception)
85. {
86. out.println("Exception: " + exception + " occurred.");
87. }
88.
89. %><%-- end scriptlet --%>
90.
91. </body>
92. </html>

实训十 简易 Web 应用

一、实训目的

(1) 了解 JSP 的基本原理。

(2) 使用 Tomcat 运行 JSP 编写的 Web 应用。

二、实训内容

1. 网上书店查询页面案例的运行。

(1) 建立数据库。使用 Access 建立一个数据库文件，然后在该数据库中按照表 10.1 中的字段结构建立表 products，productID 作为该表主键，并在表中输入若干条记录。

(2) 建立 ODBC 别名。参照实训九中介绍的方法建立一个 ODBC 别名 bookstore，用于访问上面建立的数据库。

(3) 输入源程序。

① 不使用集成环境。

• 在 Tomcat 安装目录下的 webapps 目录下创建一个子目录 bookstore，在该目录下创建 images 子目录，将 products 表中所有记录 cover 字段(图书封面图片文件名)代表的图片复制到 images 子目录中。

• 使用记事本输入 books.jsp 和 bookInf.jsp，保存到 bookstore 目录下。

• 启动 Tomcat 6.0。如果 Tomcat 6.0 未自动启动，可通过单击"开始"菜单→程序→Apache Tomcat 6.0 启动"Monitor Tomcat"，然后通过任务栏图标启动 Tomcat 6.0。

• 启动 IE，输入网址 http://localhost:8080/bookstore/books.jsp。如果程序运行正常，应显示如图 10.11 所示的页面。

② 使用 Eclipse。

• Eclipse 中 Web 开发环境配置。

a. 安装 JavaEE 相关插件：启动 Eclipse，选择 Help→Install New Software，在图 10.13 所示的对话框中选中"Web, XML, Java EE and OSGi Enterprise Development"下的选项(可将该项下所有子选项都选中)，点击"Next"按钮安装。

图 10.13　安装 JavaEE 相关插件

b. Server 设置：选择 Window→Preferences，在"Preferences"对话框的左侧部分选择 Server→Runtime Environments，此时对话框如图 10.14 所示。在该对话框中单击"Add"按钮添加服务器，如图 10.15 所示。选择安装的 Tomcat 版本，单击"Next"按钮在图 10.16 所示的对话框中输入 Tomcat 所在的文件夹及 JRE 版本。

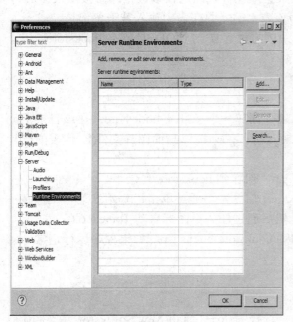

图 10.14 服务器配置对话框

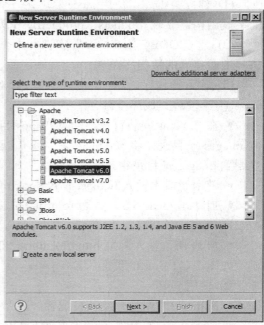

图 10.15 服务器类型选择对话框

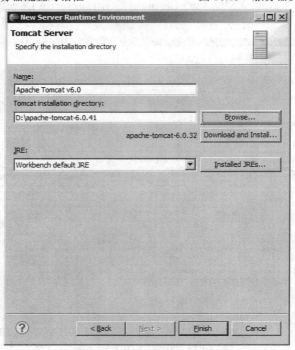

图 10.16 服务器参数设置

第10章 Web 应用入门

- 创建 Web 项目。

a. 在 Eclipse 主界面选择 File→New→Project，显示图 10.17 所示的对话框，选择"Dynamic Web Project"，然后单击"Next"按钮。

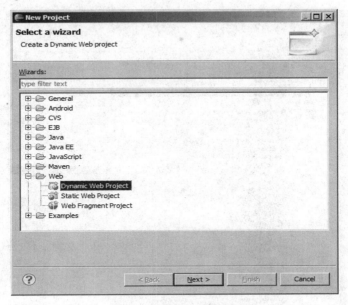

图 10.17 创建 Web 项目

b. 在图 10.18 所示的对话框中选择前面配置的服务器，单击"Finish"按钮，创建 Web 项目。

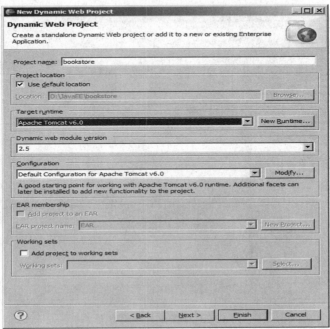

图 10.18 选择 Web 项目的运行服务器

- 创建 jsp 文件。

a. 在 Package Explorer 中右击所创建的 Web 项目,如图 10.19 所示,选择 New→JSP File,在弹出的对话框中输入 JSP 文件名,如 books.jsp,编辑界面如图 10.20 所示。

b. 按同样方法创建编辑 bookInf.jsp。

图 10.19　创建 JSP 文件

图 10.20　JSP 文件编辑界面

- 在 Tomcat 中运行 jsp 文件。

在 Package Explorer 中右击需要运行的 jsp 文件,选择 Run as→Run On Server,弹出图

10.21 所示的对话框，选择前面配置的服务器，单击"Finish"按钮，则可在 Eclipse 中看到该页面的运行效果。

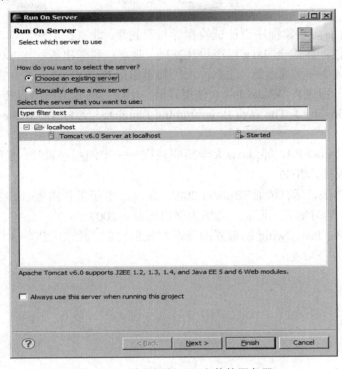

图 10.21　选择运行 JSP 文件的服务器

2. 创建一个 Web 通信录应用程序。

输入联系人姓名，查询输出该联系人的详细资料，如家庭电话、移动电话、E-mail、地址等。

习题十

1. 简述 JSP 的基本工作原理。
2. 简述 JSP 页面访问数据库的基本步骤。

参 考 文 献

[1] 印旻. Java 与面向对象程序设计试验指导与习题集. 北京：清华大学出版社，1999
[2] 杨绍芳，王颖，林锦全. Java 程序设计基础. 北京：科学出版社，2001
[3] 胡少波. Visual J++实战演练. 北京：人民邮电出版社，2000
[4] 邱玥，李鹏，程进兴. Visual J++ 6 使用详解. 北京：机械工业出版社，1999
[5] Arnold K，Gosling J. The Java Programming Language. Addison Wesley Longman, Inc，1997
[6] Deitel H M，Deitel P J，等. Java 大学简明教程——实例程序设计. 张琛恩，等译.北京：电子工业出版社，2006
[7] 陈雄华，徐传滨，等. 精通 JBuilder 2005. 北京：电子工业出版社，2005
[8] 林信良. Java 学习笔记. 北京：清华大学出版社，2007.
[9] 王鹏，何昀峰. Java Swing 图形界面开发与案例详解. 北京：清华大学出版社，2008.